栄養科学イラストレイテッド

生化学実験

著／鈴木敏和，杉浦千佳子，高野　栞

序

生化学は，生命現象を化学的な手法を中心に分子レベルで探索し，理解する学問です．1970年代後半からのバイオテクノロジーの急激な発展により，それまで主流だった，生体がつくり出す物質の化学的性質や各酵素の化学反応を中心に調べる学問から，遺伝子や細胞の情報伝達，生体防御機構などの生命現象を分子レベルで理解する学問へと発展してきました．私が学生だった30云年前と比べると，現代の生化学の教科書の中身はかなりボリュームが増えていますから，現代の学生の皆さんは，さぞかし生化学の勉強がたいへんだろうと察します．

教員の立場から申しますと，生化学の知識は，人体の機能や疾病を理解するうえでとても大切であると断言できますが，「目に見えない現象を化学反応を通じて取り扱う学問であるために，教科書だけではイメージするのが難しい」という学生の皆さんの意見も一理あると思います．本書は，そのギャップを埋めるべく，実験を通じて生化学の知識を習得してもらい，「生化学は難しい」という意識をできだけ払拭したい，という思いで企画した学生実験の教科書です．

教科書は，教科用図書の略で，学ぶ学生がじっくり読むことが前提にあります．そこで本書では，各学生ができるだけスムーズに読み進められるような工夫をしました．具体的には，まず，各章のはじめに理解する内容をPointとしてまとめました．また，どのような実験を実施するのか，そして得られた結果をどのようにまとめるのかをより深く理解できるよう，実験の概要図とフローチャートを入れました．実験手順（プロトコール）では，イラストや写真を挿入し，イメージしにくい操作については動画を作成し，化学実験に詳しくない初学者でも実験をイメージしながら予習ができるようにしました．さらに，①180分間（2コマ）の授業で，操作説明の理解から実験データ整理，器具の洗浄までできる内容を基本とする，②危険な試薬類の使用や危険を伴う操作は最小限に抑える，③できるだけマイクロピペットを使用し，その使用方法に慣れる，④カラフルな色の変化を観察する実験を積極的にとり入れることで，学生の参加意欲を高める，⑤卒業論文研究や大学院での生化学研究を行う際にも役立つ実験項目を積極的にとり入れる，という5つの基本コンセプトを柱とし，各プロトコールを作成しました．栄養科学イラストレイテッドシリーズの「生化学」や「基礎化学」の項目とも連携させ，実験後にもう一度自己学習できるように工夫しました．

本書の作成において，羊土社の田頭みなみ氏には，私のおぼろげなイメージを具体化していただき，また年寄りでは思いつかないような，若い学生に寄り添ったたくさんのアイデアを本書に吹き込んでいただきました．このようなご協力のおかげで，本書の執筆や校正も楽しく行うことができました．厚く御礼を申し上げます．

2022年8月

執筆者を代表して
鈴木　敏和

栄養科学イラストレイテッド

生化学実験

正誤表・更新情報

https://www.yodosha.co.jp/textbook/book/6985/index.html

本書発行後に変更，更新，追加された情報や，訂正箇所のある場合は，上記のページ中ほどの「正誤表・更新情報」を随時更新しお知らせします．

お問い合わせ

https://www.yodosha.co.jp/textbook/inquiry/other.html

本書に関するご意見・ご感想や，弊社の教科書に関するお問い合わせは上記のリンク先からお願いします．

本書の使い方

動画について

- 本書では，実験器具の使い方や手順がイメージできるストリーミング動画をご用意いたしました．

- 動画は本文中の**QRコード**を読み込むことによって，お手持ちの端末でご覧いただけます（一度に集中いたしますとサーバに負荷がかかる恐れがございますため，講義などでご使用の際はスライドで上映するなどご注意ください）．

  ※QRコードのご利用には「QRコードリーダー」が必要となります．
  お手数ですが，各端末に対応したアプリケーションをご用意ください．

  ※QRコードは株式会社デンソーウェーブの登録商標です．

- また，羊土社ホームページの**本書特典ページ**からも動画をご覧いただけます（アクセス方法は以下をご参照ください）．

❶ **羊土社ホームページ**（www.yodosha.co.jp/）にアクセス（URL入力または「羊土社」で検索）

❷ 羊土社ホームページのトップページ右上の
書籍・雑誌付録特典（スマートフォンの場合は **付録特典** ）をクリック

❸ **コード入力欄**に下記をご入力ください

コード： etw - uuok - fkrv ※すべて半角アルファベット小文字

❹ 本書特典ページへのリンクが表示されます

※ 羊土社会員の登録が必要です． ※ ２回目以降のご利用の際はログインすればコード入力は不要です．
※ 羊土社会員の詳細につきましては，羊土社HPをご覧ください．
※ 付録特典サービスは予告なく休止または中止することがございます．

アイコンについて

栄養科学イラストレイテッド「生化学　第３版」（薗田勝／編），「基礎化学」（土居純子／著）の関連ページを記載しております．ぜひ合わせてご活用ください．

●「基礎化学」p.●〜●参照

栄養科学イラストレイテッド

生化学実験

第1章 生化学実験をはじめる前に

Point

1. 安全に生化学実験を実施するために必要なことを理解する
2. 本書で使われる単位やデータ処理に必要な有効数字を理解する
3. 実験記録のとり方や実験レポートの書き方を理解する

1 生化学実験を行う意義

「百聞は一見に如かず」という言葉には，続きがある．「百見は一考に如かず，百考は一行に如かず，百行は一果に如かず，百果は一幸に如かず」である．教科書に書かれている事象の原理となる実験の概要を見て（読んで），どんな現象かを考えて（実験ノートを作成して），実際に自分の手を動かして実行（実験）することは，ただ机に向かって勉強することよりも何倍も学習効果が高い．ラーニングピラミッド（アメリカ国立訓練研究所が発表した研究結果）でも，Practice Doing（実験・実習・演習）は，Lecture（講義）と比べて学習定着率は15倍高いことが示されている．

すでに，皆さんが実感されている通り，「生化学」は理解することが難しい．しかし，栄養学は「食を通じて，人々の健康維持増進をめざす学問」である．人の健康をマクロ（解剖生理学）およびミクロ（生化学）の視点でみることができなければ，真の栄養指導には近づけない．生化学実験を行う意義は，手を動かして実験を行い，1つの結果を得て，レポートにまとめるという一連の作業を行い，講義では曖昧であった内容を再確認して理解を深めることである．また，臨床の現場では，さまざまな検査値を目にするが，測定の基本原理は共通している．基礎となる原理を理解することもまた，生化学実験を行う意義であるといえよう．

2 安全に実験を行うために

実験には，常に危険が伴う！ 実験の前に本書をはじめ，さまざまな生化学実験書もよく読んで予習する．また，実験中には教員の指示を聞き漏らさないようにし，必ずメモをとる．また，自分自身およびクラスメイトが安全に実験を行うことのできるよう，次のことを必ず守ること．

A. 服装など（図1）

① 実験室では，白衣を着用する．未着用の場合は，安全性が担保できないため，実験に参加させることはできない．
② 白衣のボタンをすべて留め，（紐式のものは）袖口を縛る．
③ 履物は動きやすくすべらない安全なもの（運動靴，ナースサンダルなど）を推奨する．
④ 頭髪は，長い場合は束ねてまとめる．後れ毛やチョロ毛も注意する❶．
⑤ マニキュア，ネイルアートは試料を汚損するので禁止とする．
⑥ 実験操作中は，コンタクトレンズよりも眼鏡を推奨する❷．
⑦ 酸やアルカリを使用する実験では，安全メガネまたはフェイスシールドを着用する（教員の指示に従うこと）．
⑧ カバン類は，実験室にもち込まない❸．

❶注意　髪の毛が試薬や実験器具に触れてしまうことがある．

❷注意　試薬が跳ねても目に入りにくい．万一，試薬が目に入っても水ですぐに洗い流すことができる．

❸注意　試薬で汚れてしまう，器具に触れて破損させてしまうなどのトラブルを防ぐため．

B. 実験前

① 実験の原理や方法をよく理解するため，実験実施の一週間前から前日までの間に本書や生化学実験書，インターネットなどで予習を行う．
② 必要な器具・試薬の確認をする．
③ 実験ノートに①および②についてまとめ，当日使用する器具・試薬，および手順をしっかりと頭のなかに入れておく．
④ 起こりそうな事故や災害を考え，その対策を実施可能な範囲で考える❹．

❹注意　例えば，アルカリを使用する実験では，万一，目にはねた場合にどこで目を洗うかなど．

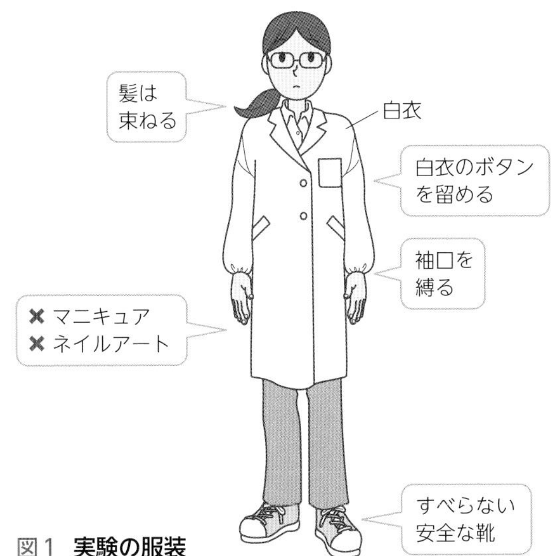

図1　実験の服装

第1章　生化学実験をはじめる前に

C. 実験中

① 実験台の上は，常に整理整頓を心掛ける．実験に必要なもの以外は置かない．
② 注意力を実験に集中する（事故は不注意から発生する）．
③ 実験経過を細かく記録する．実験後に考察する際，重要な手掛かりとなる場合がある．
④ 教員から指示があった場合には，その指示を注意深く聞き，指示に従って行動する．

D. 実験終了後

① 実験廃液や廃棄などについては，必ず教員の指示に従う．
② 実験器具の洗浄，実験室の掃除を行う．
③ ガラス器具の洗浄は次のように行う．

ガラス器具の洗浄

i）流水でブラッシングしながら目に見える汚れをとる．
ii）20〜50倍の水で希釈した中性洗剤でブラッシングする．
iii）流水ですすぐ．目安は，泡が見えなくなってから10回以上．
iv）洗瓶に入った純水で容器の中・外・中・外・中・外とすすぐ．
v）器具を乾燥棚に置く．

E. 緊急時または災害時の対応

① ガラス器具などを破損した場合には，教員の指示を仰ぐ．
② 試薬が手に付着したときには，よく流水で洗い流す．
③ 万一負傷した場合，直ちに教員にその旨を伝え，指示に従って応急処置をする．
④ 地震が起こった場合，教員の指示に従っていったん実験を中断する．
⑤ わからないことがあったら，まず本書に書かれていないか確認し，それでも解決しない場合には，教員に相談する．
⑥ 緊急を要する場合は，直ちに教員に報告・相談する．

3 生化学実験で使用する水について

水道水は，水道法で定められた基準で飲用としての基準を満たしているが，無機物，有機物，細菌，微粒子などが含まれており，これらが実験結果に大きな影響を及ぼす．したがって，これらを除去した**純水**や**超純水**を使用する．純水の製造方法として，2回蒸留処理，イオン交換処理，逆浸透膜処理などがある．厳密な規定はないが，これらの処理により比抵抗値が1〜10 MΩ・cmのものを総称して「純水」とよぶ．さらに，比抵抗値が18.2 MΩ・cm，水中の有機物量の指標であるTOC（total organic carbon）値が50 ppb以下のものを「超純水」とよぶ．現在では，生化学研究用の水は「超純水」が使用されている．本実験のすべてにおいて，「超純水」を使用する必要はないが，DNAを取り扱うPCR実験や制限酵素処理実験では，高圧蒸気滅菌された「超純水」を使用する．なお，「超純水」は試薬として購入することもできる．

4 生化学実験で使用する単位，有効数字

A. 質量パーセント濃度（%）

質量パーセント濃度とは，溶液の質量に対する溶質の質量の割合を百分率（%）で示したものである．100 gの溶液中に溶けている溶質の質量（g）と同じ数値になる．

$$\text{質量パーセント濃度（\%）} = \frac{\text{溶質の質量(g)}}{\text{溶液の質量(g)}} \times 100 = \frac{\text{溶質の質量(g)}}{\text{溶媒の質量(g)} + \text{溶質の質量(g)}} \times 100$$

B. モル（mol）

「基礎化学」p.84～90参照

1モルとは，固体・液体・気体を問わず，6.02×10^{23}個の原子あるいは分子を集めた量の単位である．6.02×10^{23}個の分子の重さは，分子量または式量の数字に単位グラム（g）を付けたものに等しい．例えば，水の分子量は18.0であるが，18.0 gの水は，水分子を6.02×10^{23}個（1 mol）含んでいる．また，塩化ナトリウムの式量は58.5であるが，58.5 gの塩化ナトリウムは，ナトリウムイオン（Na^+）と塩化物イオン（Cl^-）をそれぞれ6.02×10^{23}個（1 mol）含んでいる．

C. モル濃度（体積モル濃度，mol/L）

「基礎化学」p.90～92参照

モーラー（molar）ともいう．略して単位を**M**と記すことがある．1 mol/L（または1 M）とは，1リットル（L）中の溶液中に1 molの溶質が溶けている状態の濃度のことである．例えば，1 mol/L（1 M）の塩化ナトリウム溶液は，1 Lの溶液中に塩化ナトリウムを1 mol（6.02×10^{23}個）含んでいる．また，1 mol/L（1 M）の塩化ナトリウム溶液を調製するには，58.5 g（1 mol）の塩化ナトリウムを純水（または精製水）に溶解し，最終的に1 Lにする（メスアップする※1）．

※1 メスシリンダーやメスフラスコなどの定容用の器具を用いて，試料溶液を目的の体積に合わせる作業をメスアップという．

D. 規程度（N）

規程度（normality）とは，個々の滴定反応の当量から求めた濃度表示法で，当量濃度ともいう．酸・塩基については，分子量（または式量）を水

素イオン（H^+）またはヒドロキシイオン（OH^-）の価数で割ったもの，すなわち1 molの水素イオンを授受する酸・塩基のグラム数を1グラム当量とする．例えば，1価の酸である硝酸（HNO_3，分子量63.0）の1グラム当量は，63.0 gであり，1 L中に63.0 gの硝酸を含む水溶液を1.0 N硝酸という．また，2価の酸である硫酸（H_2SO_4，分子量98.0）の1グラム当量は，98.0 ÷ 2 = 49.0 gであり，1 L中に98.0 gの硝酸を含む水溶液を2.0 N硫酸という．

E. pH（水素イオン指数）

pHとは，溶液中の水素イオンモル濃度（正確には水素イオン活量）の逆数の常用対数で示される値である．

$$pH = -\log_{10}[H^+]$$

※ $[H^+]$ は溶液中の水素イオンモル濃度（mol/L）

例えば，0.010 mol/Lの塩酸（HCl，強酸）のpHは

$$pH = -\log_{10}(10^{-2.0}) = -(-2.0) = 2.0$$

となる．

F. 体積質量濃度（g/L, μg/mLなど），ユニット濃度（U/mLなど）

体積質量濃度とは，単位体積（1 L，1 dLまたは1 mLなど）の溶液中に溶けている溶質の質量を示す．例えば，500 mg/dLグルコース溶液は，溶液1 dL中に500 mgのグルコースを含む．酵素の場合には，質量の代わりに反応触媒速度であるユニット（U）を使用し，単位体積あたりに含まれる酵素量をユニット濃度で示すことがある．ユニットの定義は，それぞれの酵素で異なる．

G. 有効数字

計測で求めた数値は，最後の桁に必ず誤差を伴う．例えば，アナログの計測器では，最小の目盛りを目分量で十等分して1/10まで読みとるが，個々で多少異なる．また，デジタルの計測器では，最小値の数字が前後することがよくある．

測定で正しい数値の桁数に誤差のある1桁を加えたものを**有効数字**という．例えば，50.63 cmは，最後の桁数の数字“3”に最大±1の誤差がある．一般的に，小数点より右側にある0は有効数字の桁数に含む（例えば，1.000は有効数字4桁である）．1よりも小さい小数は，0以外の数字が現れる一番左側の数字を1桁目とする．一方，小数点のない場合には，0は有効数字に含む場合もあれば含まない場合もある．本書では“有効数字に含む”として取り扱うが，厳密に有効数字を取り扱う場合には，科学的記数法（小数点の左側を1桁にして，× 10の何乗の形で記す方法）が便利である．アボガドロ定数6.02×10^{23}は，科学的記数法で記された一例である．

有効数字4桁
50.63 ← 誤差がある
1.000 → 小数点より右側の0もカウント

有効数字2桁
0.0010 ← 誤差がある
1桁目

5 実験記録とレポートの書き方

A. 実験実習で持参するもの

- 本書
- 実験記録ノート（A4判の大学ノート）
- 記録用方眼紙
- 筆記用具（ボールペンを推奨）
- 電卓（スマートフォンのアプリでもよい）
- タイマー，ストップウォッチ（スマートフォンのアプリでもよい）

B. 実験記録

実験をはじめる前に実験の目的や実験方法（実験器具や試薬も含む）をノートに記載し，実験の目的や方法を理解する．実験中は，反応液中の変化や実験の進行状況なども含め，気が付いたことは何でも直ちにノートに記録しておく．後で清書するつもりで別紙などに記入しておくと，忘れてしまったり紛失してしまったりすることがある．特に結果については失ってしまうと取り返しがつかないので，すぐに記入するようにする．言葉で表すだけでなく，スケッチすることや，写真を撮っておくことも有効である．

1）実験前日までに行うこと（図2）

- 見開き左ページに実験操作を箇条書きに記す（十分にスペースを空ける）．
- スペースに注意事項などを他の色（赤など）で書き入れる．

2）実験日に行うこと（図2）

- 実験日・実験時刻を実験開始時に記入する．
- 見開き右ページに実験記録データや気になったことを記す．

C. レポート（図3）

レポートには，次のような項目を簡潔にまとめて提出する．Word（Microsoft社）などを使用する．方眼紙などに記録した手書きの実験データは，スキャンで取り込んだ画像を貼り付けてもよい．グラフはExcel（Microsoft社）などで作成した後，Wordの書類に貼り付けてもよい．

1）表紙

表題（実験タイトル），学籍番号・氏名，共同実験者，実験日，レポート提出日を記入する．

2）実験の目的

実験の目的を記入する．

3）実験方法

試料，試薬などの材料と実際に行った方法について過去形で記す．第三

緩衝液の性質（実験日：5 月 10 日）　5/10 の気候：　晴れ，気温 22℃（14：00 現在）

1．目的

緩衝液または水に酸や塩基を加えたときの pH の変化の違いを観察し，緩衝液の性質を理解する．

2．試薬

1）66.7 mmol/L KH_2PO_4 と 66.7 mmol/L Na_2HPO_4 を 1：1 の割合で混合して調製されたリン酸緩衝液　10 mL × 2 個

→各実験台の 100 mL ビーカー，HCl 用と NaOH 用の 2 つ

2）純水　10 mL　→　緩衝液の実験が終わったら，教卓に置いてある純粋入りビーカーを 2 つ実験台にもってくる

3）100 mmol/L HCl →　50 mL チューブ（黄色テープ）

4）100 mmol/L NaOH　→　50 mL チューブ（白色テープ）

5）pH 試験紙（CR, TB, BPB, BCG, MR, BTB, AZY, ALB の 8 種類）

3．器具

ガラスビーカー，ガラス撹拌棒，ピンセット，透明下敷き，ペーパータオル，マイクロピペッター（1000 μL）

ガラス棒はビーカーに入れっぱなしにしない．折りたたんだペーパータオルの上に置く．実験台の中心部

4．実験操作

1）pH の測定法

ガラス棒を測定液に入れた後，pH 試験紙の上に置いて pH を測定する．

→1）標準変色表の上に透明下敷きを重ねる

2）ピンセットで pH 試験紙を下敷きの上に置く．試験紙をピンセットで押さえながら，濡れたガラス棒を試験紙にあて，3 秒以内に色の変化を読みとる．ALB は 1 秒以内（色がすぐに戻ってしまう．）

2）リン酸緩衝液

① はじめに pH をはかる　→ はじめは BTB か CR

② マイクロピペッターで HCl 200 μL を入れ，pH を測定する．10 回くり返す

→　ガラス棒でしっかりと撹拌してから測定する．10 回終わったら端に寄せる

③ もう一つのビーカーには，NaOH 200 μL を入れ，pH を測定する．10 回くり返す

→ HCl のビーカーと混同しないよう注意！

3）純水

2）のリン酸緩衝液と同じように 10 回ずつ 200 μL の HCl または NaOH を加え，1 回加えるごとに pH を測定する　→　リン酸緩衝液の実験が終わってから行う！

HCl，NaOH を加える前が 0 mL，1 回加えるごとに 0.2 mL ずつ増える

pH 測定結果

	リン酸緩衝液		純水	
加えた量（mL）	HCl	NaOH	HCl	NaOH
0	7.0	7.0	5.6	5.6
0.2	7.0	7.0	3.8	11.4
0.4	6.8	7.0	2.6	11.6
0.6	6.8	7.0	2.2	11.6
0.8	6.8	7.2	2.0	11.8
1.0	6.8	7.2	1.8	11.8
1.2	6.8	7.2	1.8	11.8
1.4	6.8	7.2	1.8	11.8
1.6	6.8	7.2	1.8	12.2
1.8	6.6	7.2	1.6	12.6
2.0	6.6	7.2	1.6	12.6

<気がついたこと>

① リン酸緩衝液は，〜〜〜〜〜．

② 純水は，1 回目の HCl または NaOH の添加で〜〜〜〜に変化する．

③ 純水の pH は 7.0 と習ったが，実験では 5.6 であった．なぜだろう？

データ整理　→　X 軸は 0 mL を中心とし，左側に HCl，右側に NaOH の添加量でグラフをつくる

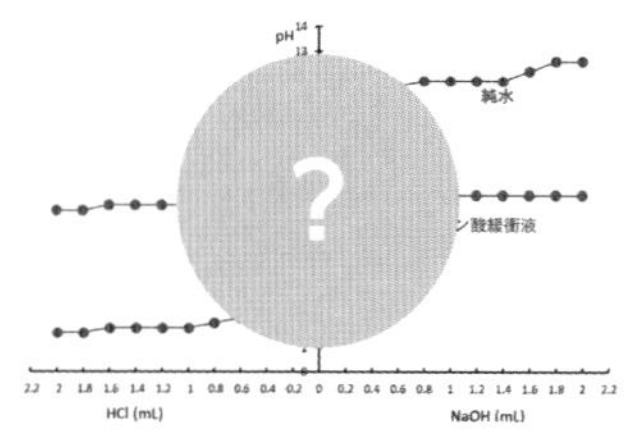

図 2　実験ノートの例

青字は当日の書き込み．赤字は注意事項．

者が見て追試ができる程度に詳しく記載する．

4）結果

実験で得られた実験値や計算結果について，計算の過程も含めて記入する．読者にわかりやすくするために図や表にまとめる．図や表には，番号を付ける．図のタイトルは図の下に，表のタイトルは表の上に記す．

5）課題

課題について，教科書や図書館にある文献，インターネットなどを用いて調べ，整理して簡潔にまとめる．

6）考察

結果からわかったこと，そこから考えられることを記述する．および，実験結果と課題でまとめた事柄との関連を考察してもよい．適宜，文献やインターネットなどで検索を行い，関連することや，疑問解決の糸口となる内容を引用する．

7）参考文献

レポートで引用した順に文献を記入する．なお，文献表記の例を次に示

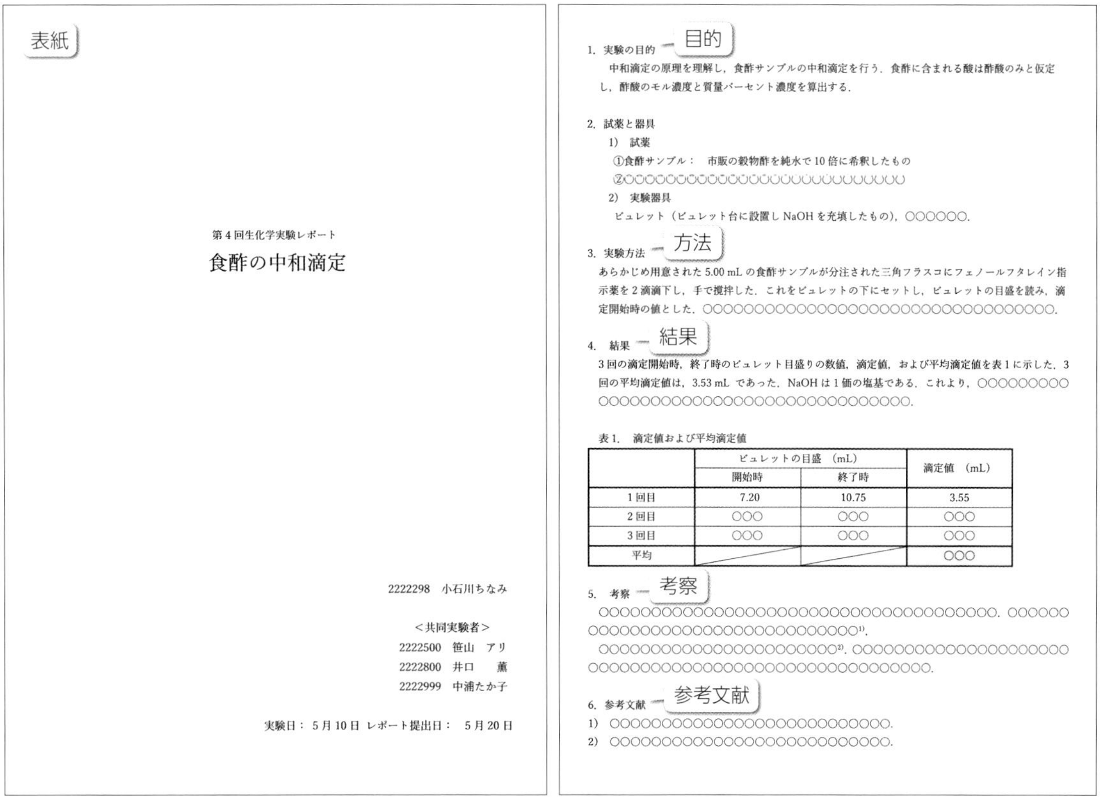

表紙

第4回生化学実験レポート
食酢の中和滴定

2222298 小石川ちなみ

＜共同実験者＞
2222500 笹山 アリ
2222800 井口 薫
2222999 中浦たか子

実験日： 5月10日 レポート提出日： 5月20日

1. 実験の目的 — 目的
中和滴定の原理を理解し，食酢サンプルの中和滴定を行う．食酢に含まれる酸は酢酸のみと仮定し，酢酸のモル濃度と質量パーセント濃度を算出する．

2. 試薬と器具
1) 試薬
①食酢サンプル： 市販の穀物酢を純水で10倍に希釈したもの
②〇〇〇〇〇〇〇〇〇〇〇〇〇〇〇〇〇〇〇〇〇〇〇〇〇〇〇
2) 実験器具
ビュレット（ビュレット台に設置しNaOHを充填したもの），〇〇〇〇〇〇.

3. 実験方法 — 方法
あらかじめ用意された5.00 mLの食酢サンプルが分注された三角フラスコにフェノールフタレイン指示薬を2滴滴下し，手で攪拌した．これをビュレットの下にセットし，ビュレットの目盛を読み，滴定開始時の値とした．〇〇〇〇〇〇〇〇〇〇〇〇〇〇〇〇〇〇〇〇〇〇〇〇〇〇〇〇〇〇〇〇〇〇.

4. 結果 — 結果
3回の滴定開始時，終了時のビュレット目盛りの数値，滴定値，および平均滴定値を表1に示した．3回の平均滴定値は，3.53 mLであった．NaOHは1価の塩基である．これより，〇〇〇〇〇〇〇〇〇〇〇〇〇〇〇〇〇〇〇〇〇〇〇〇〇〇〇〇〇〇〇〇〇〇〇〇〇〇〇.

表1. 滴定値および平均滴定値

	ビュレットの目盛 (mL)		滴定値 (mL)
	開始時	終了時	
1回目	7.20	10.75	3.55
2回目	〇〇〇	〇〇〇	〇〇〇
3回目	〇〇〇	〇〇〇	〇〇〇
平均			〇〇〇

5. 考察 — 考察
〇〇〇．〇〇〇〇〇〇〇〇〇〇〇〇〇〇〇〇〇〇〇〇〇〇〇〇〇〇〇〇〇〇〇〇〇〇〇〇[1].
〇〇〇〇〇〇〇〇〇〇〇〇〇〇〇〇〇〇〇〇〇〇〇〇〇〇〇[2]. 〇〇〇.

6. 参考文献 — 参考文献
1) 〇〇〇〇〇〇〇〇〇〇〇〇〇〇〇〇〇〇〇〇〇〇〇〇〇〇〇〇〇.
2) 〇〇〇〇〇〇〇〇〇〇〇〇〇〇〇〇〇〇〇〇〇〇〇〇〇〇〇〇〇.

図3 レポートの例
青字は当日の書き込み．赤字は注意事項．

す，文献の種類によって記載すべき事項が異なる．

- **論文の場合**：著者名（発表年）．論文タイトル．雑誌名 巻（号），ページ．

例：
1）羊土　太郎，官能　基，伊音　陽子（2012）．活性酸素で誘導されるミトコンドリアDNA配列の変異の特徴に関する研究．遺伝子10（9），95-102．

- **著書の場合**：著編者名（第1刷の発行年）．本のタイトル．出版社．

例：
2）生化　学（2020）．楽しくわかる生化学．羊土社．

- **ウェブページの場合**：ウェブページのタイトル，ウェブページURL（参照した日付）

例：
3）レポートの書き方．http://www.text.co.jp/how to/write/report（2022年3月20日参照）

文献は，公開された（誰でも入手が可能な）文書である．教科書は，参考文献として使用できるが，講義などで配布される講義資料は，参考文献にはならないので，注意が必要である．

第2章 基本操作

Point

1. マイクロピペットの操作方法を理解する
2. ビュレットの操作方法を理解する

本章では，本生化学実験で使用するマイクロピペットとビュレットの操作法を学習する．**マイクロピペット**は，0.2 μL ～ 1 mLの範囲で試料液を分取するときに使用する．**ビュレット**は，中和滴定や酸化還元滴定などで用いられる．これらの器具は生化学実験のみならず，卒業論文研究や大学院での実験研究でも使用する器具である．正しい使用法を身に付けておくことは，実験を成功させるための第一歩である．確実に習得しよう．

1 マイクロピペットの操作方法

本書では，最大10 μL，100 μL，1,000 μLを分取する3種類のマイクロピペットを使用する．ニチリョー社のNichipet EX Ⅱを例に説明する（図1）．

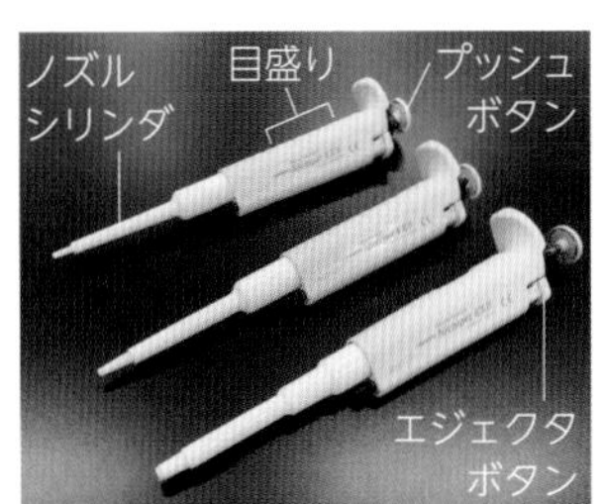

図1 **マイクロピペット**

A. 容量設定

各容量とも，目盛りは4つの数値からなり，上から下へ読む（図2）．

プッシュボタンを左右に回転させデジタルカウンタの数値を希望の容量に合わせる（次項の注意点も参照）．カウンタ窓の下にあるポイントマークに目盛りをぴったり合わせること．

各モデルにおける目盛り単位は表1の通りである．

1）容量設定時の注意点

規定された容量範囲を超えて，容量可変を行わないこと（つまり，最大目盛り以上の向きにプッシュボタンを回さないこと）．故障の危険がある（最大規定容量＋1/2回転以上回さないこと）．

① **容量を増す方にセットする場合**：いったん希望設定目盛りより約1/2回転ほど超えて，その後希望の目盛りに表示を合わせる．

② **容量を減らす方にセットする場合**：希望設定目盛りを行過ぎないように

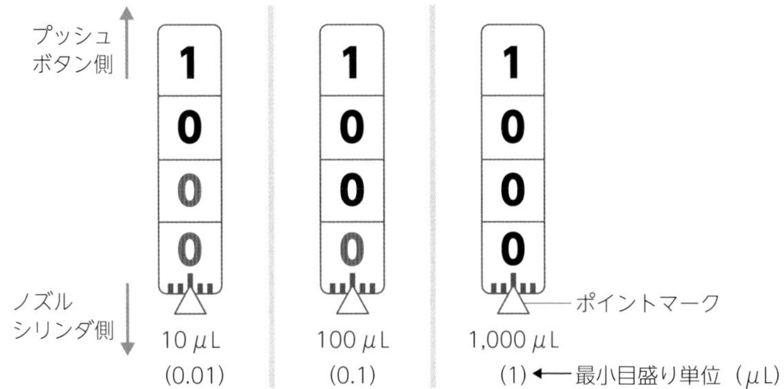

図2　マイクロピペットのデジタルカウンタ目盛り

表1　マイクロピペットの種類と分取できる容量，ピペットチップ目盛りの容量の目安

プッシュボタンの回転	右 ↻：デジタルカウンタの数値が減少			左 ↺：デジタルカウンタの数値が増大		
プッシュボタンの色	白		黄色		青色	
容量の範囲	0.5～10 μL		10～100 μL		100～1,000 μL (1 mL)	
デジタルカウンタ目盛り	最少	最大	最少	最大	最少	最大
	0 0 5 0	1 0 0 0	0 1 0 0	1 0 0 0	0 1 0 0	1 0 0 0
容量	0.5 μL	10 μL	10 μL	100 μL	100 μL	1,000 μL
チップの目盛り*（上から）	10 μL 2 μL		100 μL 50 μL 10 μL		1,000 μL 500 μL 200 μL	

＊筆者の大学では，BM Bio社のプラチナ柔チップ目盛り付き（W10，W200，W1,000）を使用している．チップの種類によっては目盛りのないものもある．

ゆっくりと回し確実に合わせる．

B. 吸入（フォワード法）

① ラックに詰めた新品のチップ（図3）をノズルシリンダ（図1）に装着する．

② プッシュボタンを初期位置から第1ストップまで押し下げる（図4①）❶．

③ プッシュボタンを押し下げたまま，液面下2～3 mmにチップの先端を入れる（図5①）．

④ プッシュボタンをゆっくり❷初期位置まで戻し（約2秒），液体をチップ内に吸引する（図4②）．この際，約2秒間静止し，液体の吸引が完全に終わるのを待つ（図5②）．

⑤ 液面から垂直かつ慎重にチップ（ピペット）を引き抜き，チップ先端を容器の側面に軽く触れて，チップの外側に付着した液滴を取り除く（図5③）．

❶注意　図4④の第2ストップの位置からの吸入作業は行わないこと．

❷注意　プッシュボタンはゆっくり操作すること．急に離すと，チップを越えて本体内に液体を吸い込み，正確な精度が得られない．

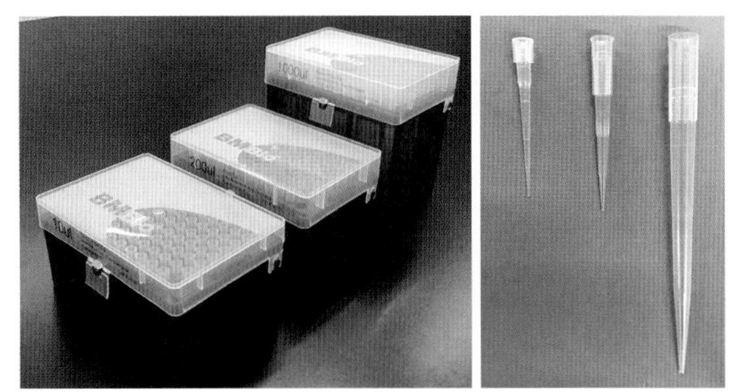

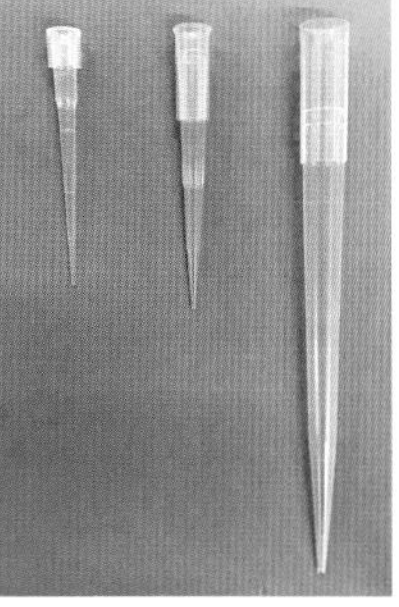

図3 ラックとチップ

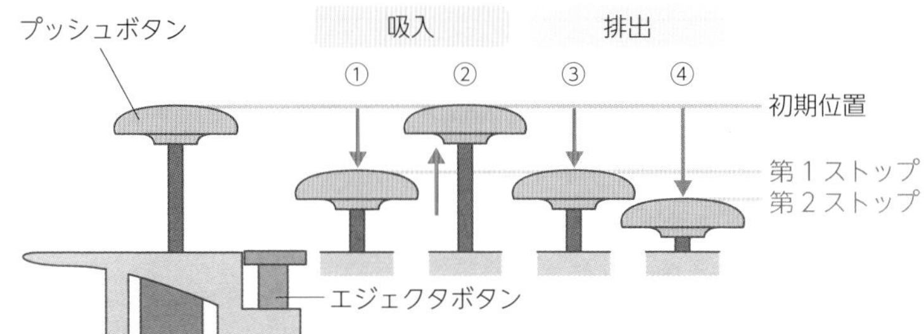

図4 試料液吸入，排出とプッシュボタンの位置
ニチリョー リキッドハンドリング用デジタルマイクロピペット取扱説明書をもとに作成.

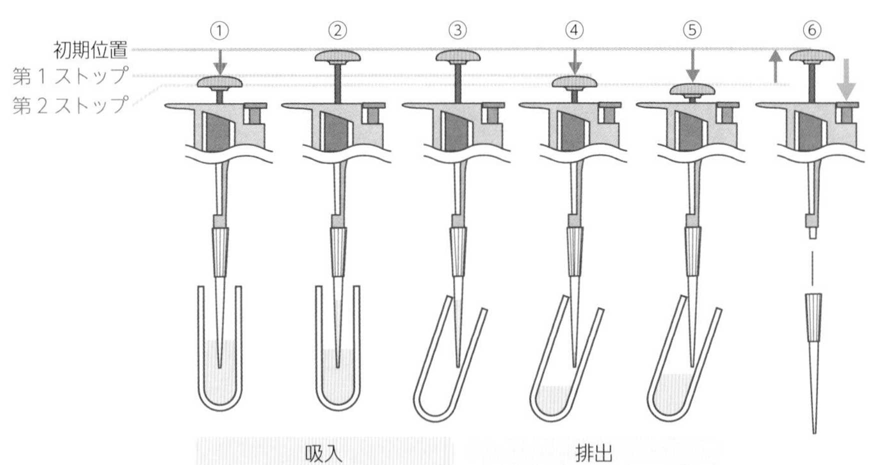

図5 マイクロピペットを用いた試料液の吸入と排出の方法
ニチリョー リキッドハンドリング用デジタルマイクロピペット取扱説明書をもとに作成.

C. 排出

① 容器の内側にチップの先端をつける（図5③）❸.

② プッシュボタンをゆっくりと初期位置から第1ストップまで押し下げる（約2秒，図4③）．約2秒おいてから，ゆっくりと第2ストップまで押し下げて（約2秒）液体を排出する（図4④，図5④，⑤）.

❸注意 できるだけ容器の底に近いところにチップの先端を密着させること．ただし排出した後にチップが溶液に触れない位置に密着させる.

③ プッシュボタンを押したままにし❹，チップの先端を容器の内壁に沿わせて液滴を取り除き，引き上げる．

④ 使用済みのチップは，エジェクタボタンを押して外す（図5⑥）※1．

❹注意　排出した試料からチップの先端を離す前にプッシュボタンを戻すと，再度排出した試料を吸引してしまうので，注意する．

※1　マイクロピペットの種類によっては，プッシュボタンでチップを外すものもある．

D. 参考

1）チップ予備洗浄

新しいチップに交換したとき，サンプリングをはじめる前に液で2～3回第1ストップの位置まで吸引・排出をくり返してから使用する．チップの予備洗浄を行うことにより，高い精度が得られる．また，特に厳密な再現性を求める場合など，この方法はあらゆる液体採取におすすめである．

2）高濃度の液体・粘性溶液の分注

液体吸入時は，チップ内吸入後3～4秒程待ってから，ゆっくりとチップを液面より離す．排出の際は，第1ストップの位置で3～4秒待ってから第2ストップの位置まで押し切る．

2 ビュレットの操作方法

① コックが閉まっていることを確認し，ビュレットの上端にろうとをセットする（図6）．滴定液（練習では純水を使う）を適当な高さまでゆっくりと注ぎ入れる．その後，ろうとを外す．

② ビュレットのコックを開けて，少量の液を勢いよく出し，先端の空気溜まり（気泡）を追い出す．液面を0に合わせる必要はない．

③ 目の高さを液面に合わせて，液面の湾部の接線にあたる部分の目盛りを読む．そのとき，目視で最小目盛りの1/10まで（最小目盛り0.1 mLのとき，0.01 mLまで）値を読む（図7）．

④ ビュレットのコックをゆっくりと注意深く開けて滴定液を滴下する．1滴のみを加えられるよう練習する．

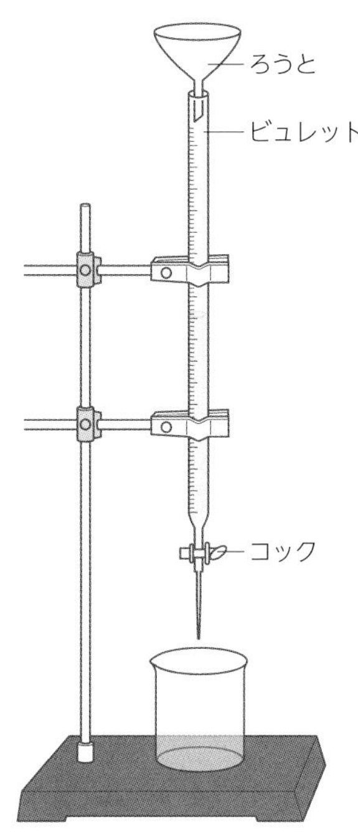

図6　ビュレット

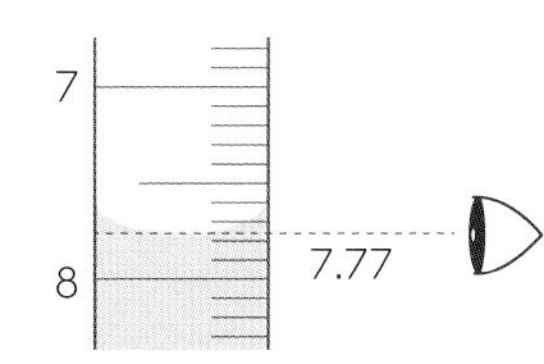

図7　目盛りの読み方

ビュレットの操作方法

3 その他の実験器具の使用方法で参考となるサイト

- 京都大学：全学共通教育 基礎化学実験 化学実験操作法 動画資料集（http://www.chem.zenkyo.h.kyoto-u.ac.jp/operation/index.html）

第3章 中和滴定

Point

1. 中和反応実験を通じて，溶液のモル濃度，体積，および物質量（モル）の関係を理解する
2. 弱酸の滴定曲線の特徴を理解する
3. ビュレット操作やpHの取り扱い方を理解する

1 滴定とは

滴定は，化学反応（変化）を利用した化学物質の定量分析法である．濃度がわからない溶液の濃度を調べることができる．まず，濃度が未知の試料溶液Aの体積を正しく量り取り，その溶液中に含まれる対象物質の全量と反応するのに必要な，濃度が既知の試料溶液Bの体積を測定する．そして，化学量論的な計算により，溶液A中に含まれる対象物質の濃度を決定する方法である．例えば，濃度がわからない酢酸溶液の濃度を調べたい場合，濃度があらかじめわかっている水酸化ナトリウム溶液を用いれば，酢酸の濃度がわかる．反応のタイプによって，中和（酸塩基）滴定，酸化還元滴定，沈殿滴定などがある．以下，**中和滴定**を例にして化学量論的な計算について述べる．

2 酸および塩基とは

水溶液中で水素イオン（H^+）を放出する化合物を**酸**という．例えば，塩化水素（HCl）や硫酸（H_2SO_4）は水溶液中では電離して，以下のようにH^+を放出する．

$$HCl \rightarrow H^+ + Cl^-$$
$$H_2SO_4 \rightarrow 2H^+ + SO_4^{2-}$$

一方，H^+はヒドロキシイオン（水酸化物イオン，OH^-）と反応すると，水分子（H_2O）を生じ，H^+の消失，すなわち酸の性質が失われる．酸の性質を失わせるOH^-を水溶液中で放出する化合物を**塩基**という．例えば，水

酸化ナトリウム（NaOH）や水酸化バリウム〔$Ba(OH)_2$〕は水溶液中では電離して，以下のようにOH^-を放出する．

$NaOH \rightarrow Na^+ + OH^-$
$Ba(OH)_2 \rightarrow Ba^{2+} + 2OH^-$

3 中和とは

中和とは，酸（一般式HAで示す）と塩基（一般式BOHで示す）が反応して塩（えん）（BA）と水（H_2O）が生ずる反応である．水溶液中では，HAとBOHはそれぞれ，

$HA \rightarrow H^+ + A^-$
$BOH \rightarrow B^+ + OH^-$

のように電離した状態で存在する．HA水溶液とBOH水溶液を混合すると，

$H^+ + A^- + B^+ + OH^- \rightarrow B^+ + A^- + H_2O$

のようにH^+とOH^-が反応してH_2Oを生ずる．化学反応式では電離状態を省略し，

$HA + BOH \rightarrow BA + H_2O$
酸　塩基　塩　水

となる．

酸から生じるH^+イオンと塩基から生じるOH^-イオンの物質量が等しくなったとき，酸性または塩基性に偏ることなく（過不足なく）中和する．このとき，酸や塩基の強弱とは無関係に次の式が成立する．

酸の出しうるH^+の物質量（モル数）
　＝ 塩基の出しうるOH^-の物質量（モル数）
酸の価数 × 酸の物質量（モル数）
　＝ 塩基の価数 × 塩基の物質量（モル数）

濃度c［mol/L］で 体積v［mL］のa価の酸の水溶液のH^+の物質量，および濃度c'［mol/L］で 体積v'［mL］のb価の塩基の水溶液のOH^-の物質量は，それぞれ次の式で示される．

$$H^+\text{の物質量} = a \times c \times \frac{v}{1{,}000}\ [\mathrm{mol}]$$

$$OH^-\text{の物質量} = b \times c' \times \frac{v'}{1{,}000}\ [\mathrm{mol}]$$

酸と塩基が過不足なく中和したとき，H^+の物質量とOH^-の物質量は等しい．したがって，

第3章 中和滴定

$$a \times c \times \frac{v}{1{,}000} = b \times c' \times \frac{v'}{1{,}000}$$

さらに両辺を1,000倍すると，

$$a \times c \times v = b \times c' \times v' \quad \cdots\cdots \text{Ⅰ式}$$

が成立する．

酢酸（CH_3COOH）および水酸化ナトリウム（NaOH）は，それぞれ1価の酸，1価の塩基であるので，$a = 1$，$b = 1$である．したがって，酢酸と水酸化ナトリウムの組合わせでは，Ⅰ式は

$$c \times v = c' \times v' \quad \cdots\cdots \text{Ⅱ式}$$

となる．

これらがわかったところで，実験をはじめよう．

実験
3-1
食酢の中和滴定

概要図

目的

酢酸の濃度を調べる

方法

水酸化ナトリウム溶液を使った中和滴定

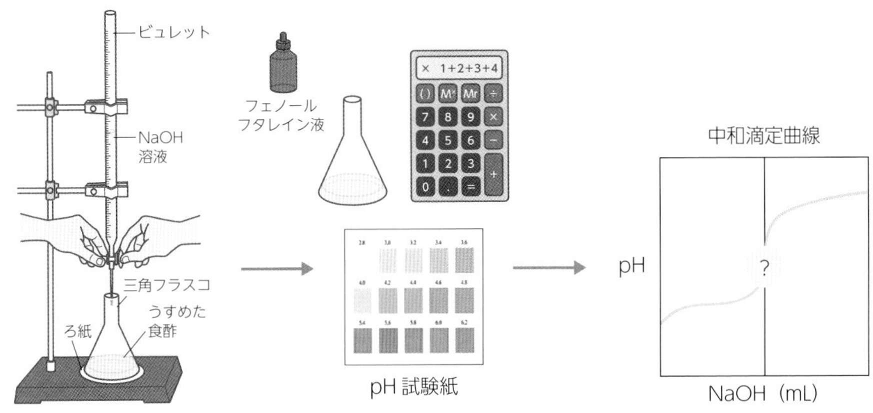

中和点に達するまでに滴下した水酸化ナトリウム溶液の体積を測定することで，酢酸の濃度を算出することができる

実験のフローチャート

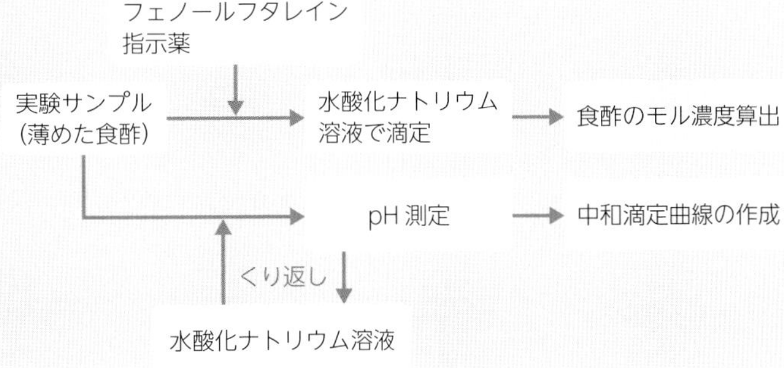

目的

市販の食酢中に含まれる酢酸の濃度を0.1 mol/L水酸化ナトリウム溶液を用いた中和滴定より定量する．また，pH試験紙を用いて，酢酸–水酸化ナトリウム溶液の中和滴定曲線を作成する．酢酸と水酸化ナトリウムの中和の化学反応は

$$CH_3COOH + NaOH \rightarrow CH_3COONa + H_2O\,(H \cdot OH)$$

酢酸　水酸化ナトリウム　酢酸ナトリウム　水

で示される●．

●「基礎化学」p.142～151参照

試薬

表1　試薬の一覧

試薬名	1グループあたりの量	1グループあたりの事前準備	自由筆記欄
1/10希釈した穀物酢 *1	20 mL + 10 mL（予備）	試薬5.00 mLを100 mL三角フラスコに入れたものを3つ，および100 mLビーカーに入れたものを1つ用意する	
0.100 mol/L水酸化ナトリウム（NaOH）溶液*2	25 mL + 10 mL（予備）	あらかじめビュレットに充填しておく	
フェノールフタレイン指示薬*3	6～10滴程度	スポイト付容器に入れたものを1つ用意する	
pH試験紙（CR, TB, BPB, BCG, MR, BTB, AZY, ALBの8種類）*4		5 mmくらいの長さにカットし，8連ケース*5に入れたものを用意する	

＊1　市販の穀物酢100 mLを純水で希釈し，1,000 mLにする．
＊2　容量分析用の試薬を使用する．自作の場合には，5.00×10^{-2} mol/Lのシュウ酸標準溶液を調製し，滴定により水酸化ナトリウムの正確な濃度を求めてから使用する．
＊3　1.0w/v％フェノールフタレイン（90％エタノール）溶液を使用する．
＊4　アドバンテック社のブックタイプのものを使用する．pH試験紙の使用法は以下のAを参照．
＊5　釣り具用の小物ケース（メイホウ8連ケース）が便利である．

A. pH試験紙の使い方

- pH試験紙はあらかじめ5～7 mmの長さに切っておく．
- pH試験紙を容器から取り出すときは乾いたピンセットを用いる．ピンセットが濡れたら，ペーパータオルで拭きとる．
- 標準変色表（図1）の上に透明な下敷きを重ね，取り出したpH試験紙と同じ試験紙の変色表の色見本の付近に置く．ピンセットでpH試験紙がガラス棒につかないように押さえる．
- 撹拌棒を試料液に入れた後，適当なpH試験紙の上に置いて湿らせる．
- 標準変色表（図1）の色調から湿らせた直後（～5秒以内）のpHを読みとる．色調が有効測定範囲外の左側のときは上側の，右側のときは下側のpH試験紙を用いて再測定する．

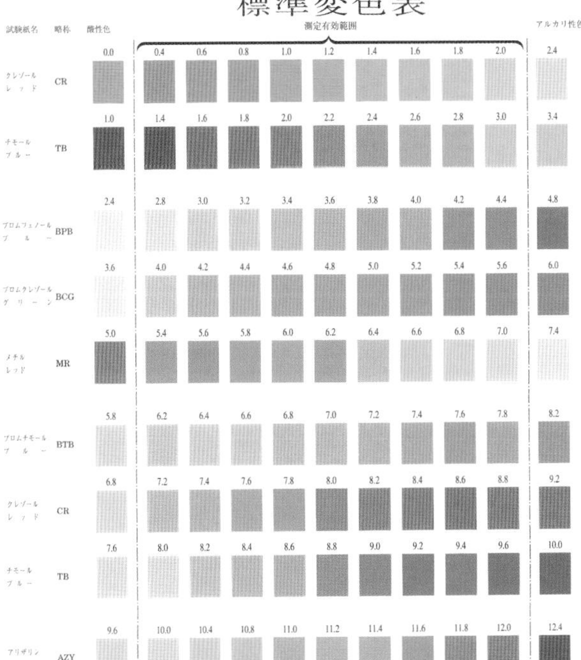

図1　標準変色表の例

本書では，アドバンテック東洋株式会社のpH試験紙ブックタイプを使用する．本書の印刷では，実際の色調と異なるので，実験では，必ず変色表原本を用いてpHを判定すること．画像提供：アドバンテック東洋株式会社．

器具

- [ ] 100 mL三角フラスコ（またはコニカルビーカー）　3個
- [ ] 100 mLビーカー　1個
- [ ] ビュレットとビュレット台（0.100 mol/L NaOH用）　1台
- [ ] 撹拌棒　1本
- [ ] A4無色透明下敷き（pH試験紙をのせる台）　1枚
- [ ] 標準変色表8セット用　1枚
- [ ] ピンセット（pH試験紙を容器からの取り出しに使用）　1本
- [ ] ペーパータオル（濡れた器具から水分を拭きとる際に使用）

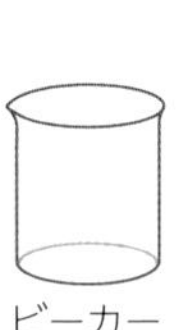
ビーカー

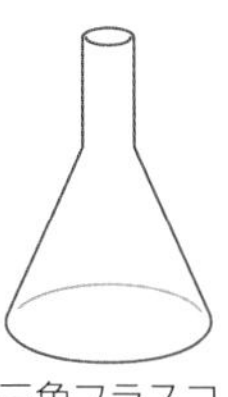
三角フラスコ

操作

A. 穀物酢の中和滴定

❶ 10倍希釈した穀物酢を5.00 mLを入れた三角フラスコを3個用意する．これにフェノールフタレイン指示薬を2，3滴加える．

⬇

❷ ビュレットの目盛りを0.01 mLの位（目盛りの1/10）まで読む（ノートに記録する，後述表2）．

⬇

❸ ビュレットより，NaOH溶液を滴下する※1．滴下のたびに，容器を揺すって溶液を均一にする（図2）．

⬇

❹ 中和の終点に近付くと，滴下直後に着色がみられるようになるが，混ぜるとすぐに色が消える．徐々に着色が消える速度が遅くなっていく．

⬇

❺ 中和の終点付近では，慎重にゆっくりと1滴ずつ滴下するごとにビュレットの目盛りを読みノートにメモする．混ぜても色が消えず，溶液全体がほんのり薄赤紫色に着色したところを終点とする❶．

⬇

❻ 終点のビュレットの目盛りをノートに記録する．この値からはじめの値（❷）を引いた量が滴定値となる．

⬇

❼ 残りの2つの三角フラスコについても，❷～❻の操作をくり返す．

⬇

❽ 3回の実験の平均値より，中和滴定に要したNaOH溶液の体積を求め，p.24のII式より，10倍希釈した食酢中の酢酸のモル濃度，食酢原液のモル濃度を算出する．NaOH溶液が容量分析用でファクター（F）が示されている場合には，式で求めた値にファクターの値を乗ずる．

⬇

❾ さらに，穀物酢の比重を1.01の酢酸溶液とみなし，穀物酢の酢酸のパーセント濃度［w/w］を算出する．

※1　ビュレットの操作方法は第2章参照．

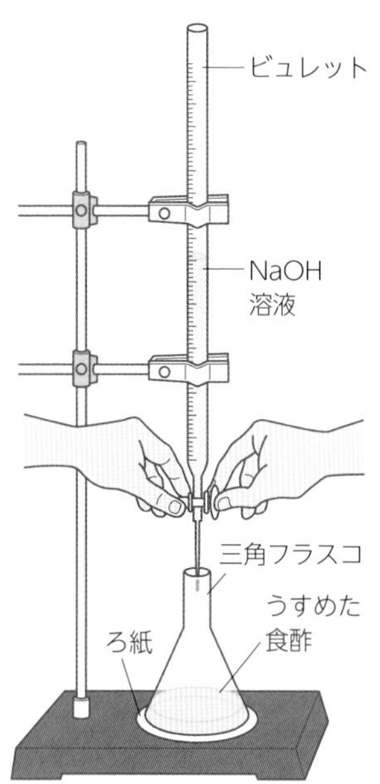

図2　**中和滴定実験のイメージ図**

❶注意　鮮やかな赤紫色になったら，すでに中和点を過ぎている．この場合は，最後の1滴を入れる前を終点とする．

B. 穀物酢－NaOH滴定曲線の作成

❶ 100 mLビーカーに10倍希釈した穀物酢を5.00 mL入れる．

⬇

❷ ビュレットの目盛りを0.01 mLの位まで読む（ノートに記録，後述表3）．

⬇

❸ 撹拌棒を穀物酢に浸した後，pH試験紙の上に置いて緩衝液をつけ，pHを測定する（ノートに記録）．以降の操作でも同様の方法で，pH試験紙に溶液をつける．

⬇

❹ ビュレットよりNaOH溶液を4滴滴下し，ビュレットの目盛りを読む（ノートに記録）．撹拌棒で撹拌後のpHを測定する（ノートに記録）．

⬇

❺ pH ≒ 5まで❹をくり返す．

⬇

❻ pH ≧ 5になったら2滴，pH ≧ 5.4になったら1滴滴下するごとにビュレットの目盛りを読み，撹拌棒で撹拌後のpHを測定する（ともにノートに記録）．

⬇

❼ pH ≧ 10になったら4滴滴下するごとにビュレットの目盛りを読み，撹拌棒で撹拌後のpHを測定する（ともにノートに記録）．

⬇

❽ pH ≧ 11になったら10滴滴下するごとにビュレットの目盛りを読み，撹拌棒で撹拌後のpHを測定する（ともにノートに記録）．pH ≧ 12までくり返す．

⬇

❾ 加えたNaOHの体積を横軸に，pHを縦軸にグラフを作成する．

実験データと整理

A. 中和滴定

表2に，3回分の滴定前後のビュレットの目盛りの数値を入れる．各回の滴定値を算出した後，滴定値の平均値を算出する（ピンク色セル）．p.24のⅠ式を使い，10倍希釈した食酢中の酢酸のモル濃度（c［mol/L］）を算出する．ただし，食酢中には，酢酸以外の酸を含まないものとする．表2のピンク色セルの数値は，v'［mL］に相当する．酢酸も水酸化ナトリウムも価数は1である．

表2　実験3-1-A　穀物酢の中和滴定

	ビュレットの目盛り（mL）		滴定値（mL）
	開始時（❷）	終了時（❺）	
1回目			
2回目			
3回目			
平均			

表のDLはこちら

B. 滴定曲線

表3のピンク色セルの数値は，滴定開始時のビュレットの目盛りの数値である．滴下量は，各行のビュレットの目盛りの数値からピンク色セルの数値を減ずることで算出できる．

加えたNaOH溶液の体積（mL）を横軸に，pHを縦軸にグラフを作成する．

表3　実験3-1-B　穀物酢へのNaOHの滴下量とpHの関係

ビュレットの目盛り（mL）	滴下量（mL）	pH
	0	

1）pHの定義をまとめなさい．
2）pH試験紙を用いないでpHを測定する方法を調べ，まとめなさい．
3）中和滴定以外で，ある物質を滴定する方法を調べ，化学量論的な議論も含めて簡潔にまとめなさい．

第4章 緩衝液

Point

1. 強酸と弱酸の違い，および強塩基と弱塩基の違いを理解する
2. 緩衝液の性質，およびその組成が弱酸とその塩の混合水溶液からなることを理解する
3. 唾液を例として，体液が緩衝液であることを理解する
4. 生体を構成するアミノ酸の緩衝作用は，そのカルボキシ基やアミノ基が関与していることを理解する
5. アミノ酸の滴定曲線から，その等電点が求められることを理解する

1 緩衝液とは

塩酸（HCl）や硫酸（H_2SO_4）のように，水溶液中で完全に電離してH^+を放出する酸を**強酸**という．これに対し，酢酸（CH_3COOH）やリン酸（H_3PO_4）のように水溶液中で一部のみが電離し，少量のH^+を放出する酸を**弱酸**という．水酸化ナトリウム（NaOH）や水酸化カリウム（KOH）のように，水溶液中で完全に電離してOH^-を放出する塩基を**強塩基**という．弱酸とその酸の強塩基との塩（共役塩基）を含む水溶液，または弱塩基とその塩基の強酸との塩を含む水溶液には，酸や塩基を加えてもH^+濃度があまり変化しない性質がある．すなわち，酸や塩基を加えてもpHが変化しにくく，一定に保たれる性質がある．このような溶液を**緩衝液**●という．ヒトの体液は緩衝液であり，体内のpHは常に中性付近に保たれている（動脈血のpHは7.40 ± 0.05）．

●「基礎化学」p.152～156参照

2 緩衝液のpHの求め方

弱酸（HA）は，水溶液中では一部が電離して平衡状態（左から右方向と右から左方向の変化が起こり，あるところで釣り合って見かけ上動かなくなる状態）にある．

$$HA \rightleftarrows H^+ + A^-$$

このとき，電離定数（酸解離定数ともいう）Kaは，

$$Ka = \frac{[H^+]\ [A^-]}{[HA]}$$

で示される．［H$^+$］や［A$^-$］など［ ］がついているものはモル濃度を表す．変形すると，下式（ヘンダーソン・ハッセルバルヒの式）

$$pH = pKa + \log_{10}\left(\frac{[A^-]}{[HA]}\right)^{※1}$$

※1　pKaはKaの逆数の常用対数，すなわち，pKa = − $\log_{10}Ka$である．電離定数は，「基礎化学」p.146〜147を参照のこと．

となり，HAとその強塩基との塩（A$^-$）からなる緩衝液のpHを計算することができる．この式は，血液中の二酸化炭素分圧と重炭酸濃度を用いて血液のpHを算出する際にも用いられる．二酸化炭素分圧（P_{CO_2}）を用いる場合には，

$$pH = pKa + \log_{10}\left(\frac{[HCO_3^-]}{0.03 \times P_{CO_2}}\right)$$

となる．対数の真数の値が大きいほど対数自体も大きくなる．したがって，

- CO_2が増えるとpHが下がる（H$^+$濃度が上がる）．
- CO_2が下がるとpHが上がる（H$^+$濃度が下がる）．
- HCO_3^-が増えると，pHが上がる（H$^+$濃度が下がる）．
- HCO_3^-が下がると，pHが下がる（H$^+$濃度が上がる）．

を式から読みとることができる．

3 アミノ酸の性質

タンパク質を構成するアミノ酸は，水溶液のpHの違いにより陽イオンにも陰イオンにもなる**両性電解質**である．中性の体液中では弱酸性（カルボキシイオン，$-COO^-$）および弱塩基性（アンモニウムイオン，$-NH_3^+$）を示す官能基を合わせもつ**両性イオン**として存在している．水溶液中に溶解している単一のアミノ酸すべて（100％）が両性イオンとして存在しているとき，正味の電荷は0（ゼロ）となる．このときのpHを**等電点（pI）**という（図1，100％両性イオン型）．ヘンダーソン・ハッセルバルヒ式で示されるように，弱酸とその塩の濃度が等しいとき（水溶液中の$-COOH$型と$-COO^-$型の濃度が等しいとき，または$-NH_3^+$型と$-NH_2$型の濃度が等しいとき）のpHは，それぞれの官能基のpKaの値と一致する（図1，pKa_1およびpKa_2）．このとき，水溶液の緩衝作用は最も大きくなるので，酸や塩基を加えたときにpHが最も変わりにくくなる変曲点である．pKaを実験的に求めることが可能である（図1）．さらに，2つのpKa値からアミノ酸のpIを算出することができる（図2）．

```
      COOH
       |
H2N ─ C ─ H
       |
       R
```

L-アミノ酸
（フィッシャーの投影式）

本章では，酸や塩基を加えてもpHが変化しにくいという緩衝液の特徴

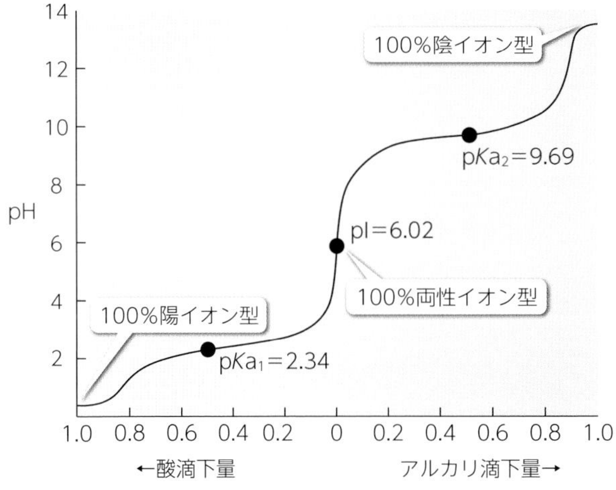

図1 アミノ酸の滴定曲線

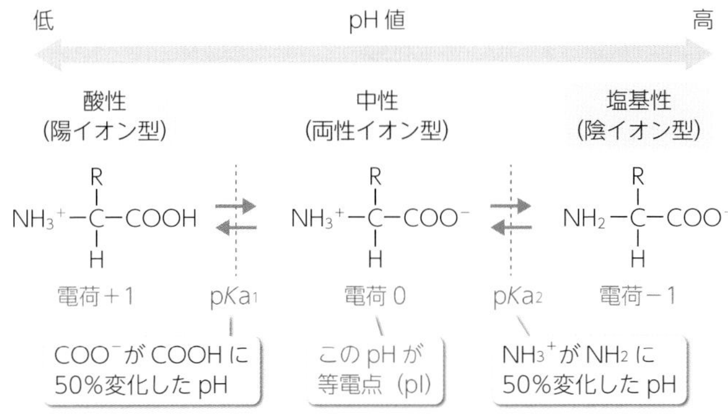

図2 アミノ酸の電荷の状態

（実験4-1），およびアミノ酸が極大の緩衝作用を示すpHからアミノ酸の等電点が算出できること（実験4-2）を学ぶ.

緩衝液の性質

概要図

目的

リン酸緩衝液，ポカリスエット，唾液の緩衝液としての性質を調べる

方法

塩酸または水酸化ナトリウム溶液の滴下と pH の測定

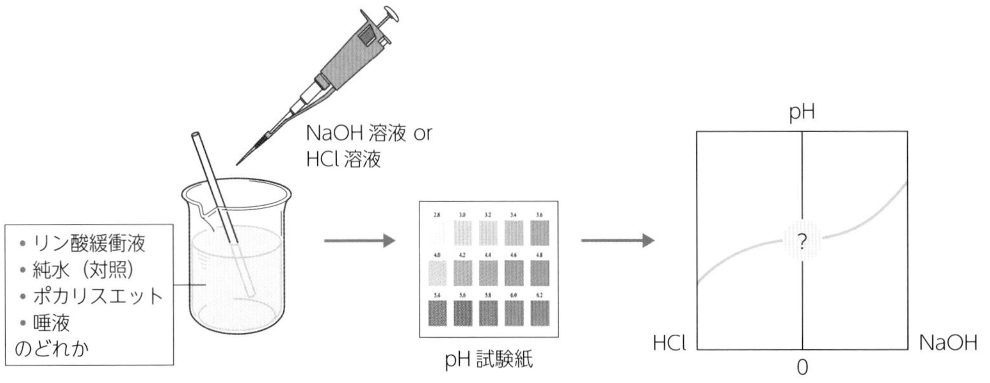

リン酸緩衝液，ポカリスエット，唾液に塩酸や水酸化ナトリウム溶液を加えたとき，pH の変化の程度を純水と比較することで，緩衝液の性質を理解することができる

実験のフローチャート

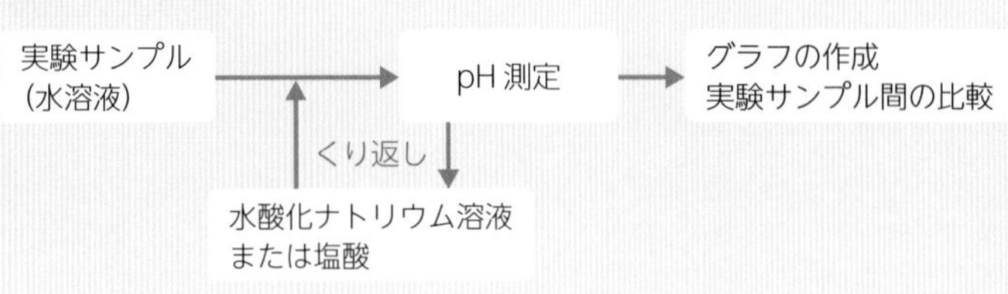

目的

●「基礎化学」p.152～160参照

緩衝液または水に酸や塩基を加えたときのpHの変化の違いを観察し，緩衝液の性質を理解する．

試薬

表1　試薬の一覧

試薬名	1グループあたりの量	1グループあたりの事前準備	自由筆記欄
66.7 mmol/Lリン酸二水素カリウム（KH_2PO_4）溶液①*1	20 mL＋10 mL（予備）	①と②を1：1で混合したものを調製し，これをリン酸緩衝液とする．20.0 mLを100 mLビーカーに入れたものを2つ用意する	
66.7 mmol/Lリン酸水素二ナトリウム（Na_2HPO_4）溶液②*2	20 mL＋10 mL（予備）		
純水	40 mL＋20 mL	20.0 mLを100 mLビーカーに入れたものを2つ用意する	
ポカリスエット*3（またはクエン酸塩を含むイオン飲料）	20 mL＋20 mL（予備）	20.0 mLを100 mLビーカーに入れたものを1つ用意する	
100 mmol/L塩酸（HCl溶液）*4	8 mL＋10 mL（予備）	試薬約18 mLを50 mL蓋つきプラスチックチューブに入れたものを1本用意する	
100 mmol/L水酸化ナトリウム（NaOH）溶液*5	15 mL＋10 mL（予備）	試薬約25 mLを50 mL蓋つきプラスチックチューブに入れたものを1本用意する	
pH試験紙（CR, TB, BPB, BCG, MR, BTB, AZY, ALBの8種類）*6		5 mmくらいの長さにカットし，8連ケースに入れる	

＊1　KH_2PO_4（式量136.09）9.07 gを純水に溶解し，1.000 Lにメスアップする．
＊2　Na_2HPO_4（式量141.96）9.46 gを純水に溶解し，1.000 Lにメスアップする．
＊3　大塚製薬社のもの．
＊4　濃塩酸（11.7 mol/L）3.0 mLを純水で希釈し，350 mLにメスアップする．容量分析用の0.100 mol/L塩酸を使用してもよい．
＊5　NaOH（式量40.00）1.40 gを純水に溶解し，350 mLにメスアップする．容量分析用の0.100 mol/L水酸化ナトリウム溶液を使用してもよい．
＊6　〈実験3-1〉の試薬を参照．

器具

- □ 100 mL（または200 mL）ガラスビーカー　6個
- □ 1,000 μLマイクロピペット，100 μLマイクロピペット，およびピペットチップ
- □ ストロー（唾液採取用）　1本
- □ 50 mL蓋つきチューブ（唾液採取用）　1本
- □ 試験管立て（50 mL用）　1個
- □ 撹拌棒　1本
- □ A4無色透明下敷き（pH試験紙をのせる台）　1枚

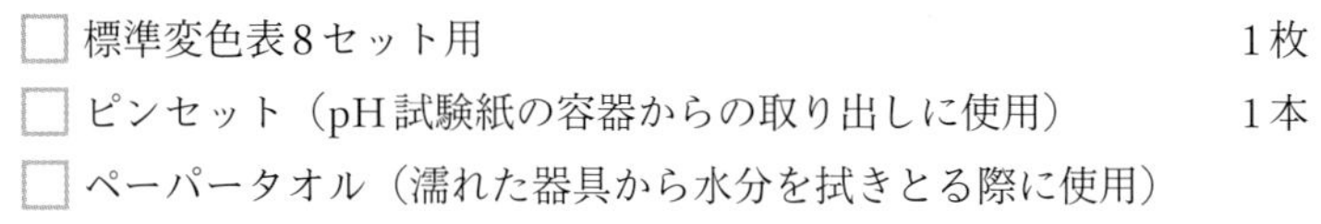

☐ 標準変色表8セット用　1枚
☐ ピンセット（pH試験紙の容器からの取り出しに使用）　1本
☐ ペーパータオル（濡れた器具から水分を拭きとる際に使用）

操作

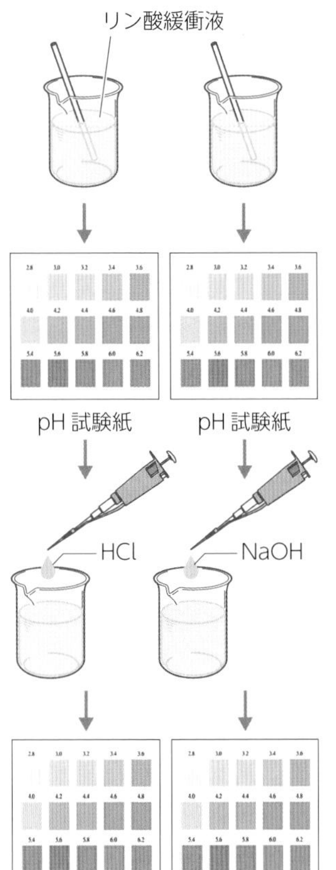

図3　リン酸緩衝液の性質の確認

A. リン酸緩衝液の性質（図3）

❶ 100 mLビーカーに入った20.0 mLのリン酸緩衝液（リン酸二水素カリウム溶液とリン酸水素二ナトリウム溶液の1：1混合溶液）を2つ用意する．1つの緩衝液に撹拌棒入れた後，pH試験紙の上に置いて緩衝液をつけ，リン酸緩衝液のpHを測定する（pH試験紙を用いたpHの測定法は，p.26を参照のこと．以降の操作でも同様の方法で，pH試験紙に溶液をつける）．

↓

❷ 1つ目のリン酸緩衝液に100 mmol/LのHCl溶液を200 μL（0.200 mL）を入れる．

↓

❸ 軽く撹拌する．

↓

❹ pH試験紙を利用してpHを測定する（ノートに記録）．

↓

❺ ❷から❹までの操作を計10回くり返す（加えたHCl溶液が2.00 mLになるまで）．

↓

❻ 2つ目のリン酸緩衝液のpHを測定する（❶の溶液のpHと同じになることを確認）．

↓

❼ ❻のリン酸緩衝液に100 mmol/LのNaOH溶液を200 μL（0.200 mL）を入れる．

↓

❽ 軽く撹拌する．

↓

❾ pH試験紙を利用してpHを測定する（ノートに記録）．

↓

❿ ❼から❾までの操作を計10回くり返す（加えたNaOH溶液が2.00 mLになるまで）．

B. 純水の性質

前項Aと同様の操作をリン酸緩衝液の代わりに，100 mLのビーカーに入った20.0 mLの純水2つを用いて行う．

C. ポカリスエットの性質

前項Aと同様の操作をリン酸緩衝液の代わりに，20.0 mLのポカリスエットを用いて行う．ただし，加えるのは100 mmol/LのNaOH溶液のみ．はじめの5回は200 μLずつ，その後，pHが11以上を示すまで500 μLずつ加えて，pHを測定しノートに記録する．

D. 唾液の性質（図4）

❶ グループで1人，唾液を提供する人を決める．

⬇

❷ 唾液を提供する人は，口内を水道水ですすぐ．

⬇

❸ 口の中に唾液を溜める※2．

⬇

❹ 口の中に溜めた唾液をストローで50 mL蓋つきチューブの中に移す（7.5 mLの目盛りあたりまで入れる）．

⬇

❺ 5.0 mLの唾液を100 mLビーカーに移す（1,000 μLのマイクロピペットでの分取を5回くり返す）．

⬇

❻ pH試験紙を利用して唾液のpHを測定する（ノートに記録）．

⬇

❼ 唾液に100 mmol/LのHCl溶液を100 μL（0.100 mL）を入れる．

⬇

❽ 軽く撹拌する．

⬇

❾ pH試験紙を利用してpHを測定する（ノートに記録）．

⬇

❿ ❼から❾までの操作を計10回くり返す（加えたHCl溶液が1.0 mLになるまで）．

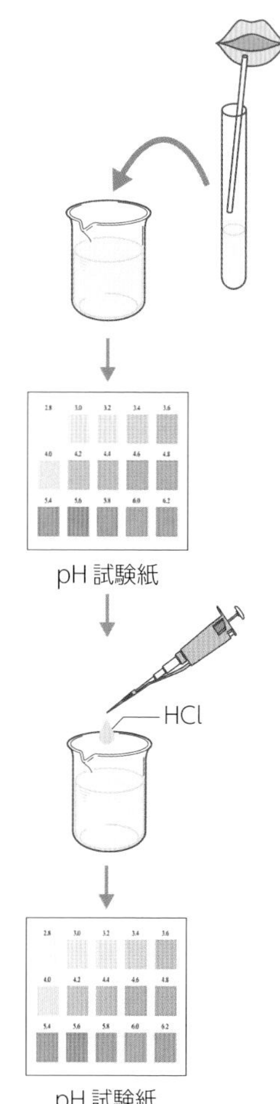

図4　唾液の性質の確認

※2　美味しいものを想像する，耳下腺のマッサージ（耳の穴から垂直下方の顎の下の部分）を力を入れずに人差し指と中指で軽く圧迫をする．

第4章 緩衝液

実験データと整理

pH測定値を表2～4に記入する．加えたHCl溶液またはNaOH溶液の体積を横軸に，pHを縦軸にしたグラフを作成する（表2～4それぞれで作成する）．

表のDLはこちら

表2　リン酸緩衝液と純水のpH測定値

	66.7 mmol/L リン酸緩衝液		純水	
加えた量（mL）	0.1 mol/L HCl	0.1 mol/L NaOH	0.1 mol/L HCl	0.1 mol/L NaOH
0				
0.2				
0.4				
0.6				
0.8				
1.0				
1.2				
1.4				
1.6				
1.8				
2.0				

表3　ポカリスエットのpH測定値

ポカリスエット			
加えた量（mL）	0.1 mol/L NaOH	加えた量（mL）	0.1 mol/L NaOH
0		2.5	
0.2		3.0	
0.4		3.5	
0.6		4.0	
0.8		4.5	
1.0		5.0	
1.5		5.5	
2.0		6.0	

表4　唾液のpH測定値

唾液			
加えた量（mL）	0.1 mol/L HCl	加えた量（mL）	0.1 mol/L HCl
0		0.6	
0.1		0.7	
0.2		0.8	
0.3		0.9	
0.4		1.0	
0.5			

1）リン酸緩衝液の結果をヘンダーソン・ハッセルバルヒの式を用いて考察しなさい．ただし，$H_2PO_4^- \rightleftarrows HPO_4^{2-} + H^+$において，$pK\mathrm{a}_2 = 7.20$である．

2）ポカリスエットや唾液が緩衝液の性質を示すのはどうしてか？

3）食品添加物のなかには緩衝作用を示すものがある．2～3の具体例を挙げ，食品添加物の作用をまとめなさい．

4）唾液の緩衝液としての役割をまとめなさい．

アミノ酸の滴定によるpH緩衝作用の観察

概要図

アミノ酸溶液を硫酸や水酸化ナトリウム溶液で滴定して，緩衝作用の大きいpH（p*K*a）を求め，アミノ酸の等電点（pI）を算出する

硫酸または水酸化ナトリウム溶液の滴下とpHの測定

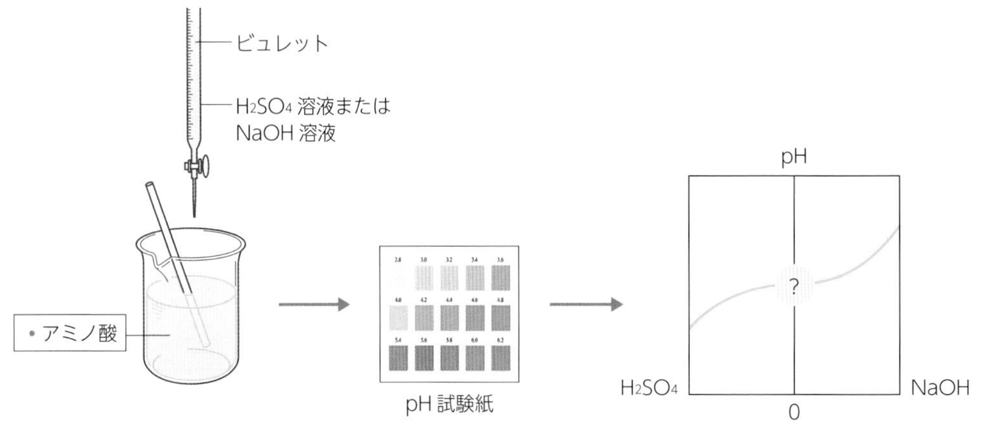

滴定曲線のpHの変化が小さくなる変曲点のpHからアミノ酸のp*K*aが求められる

実験のフローチャート

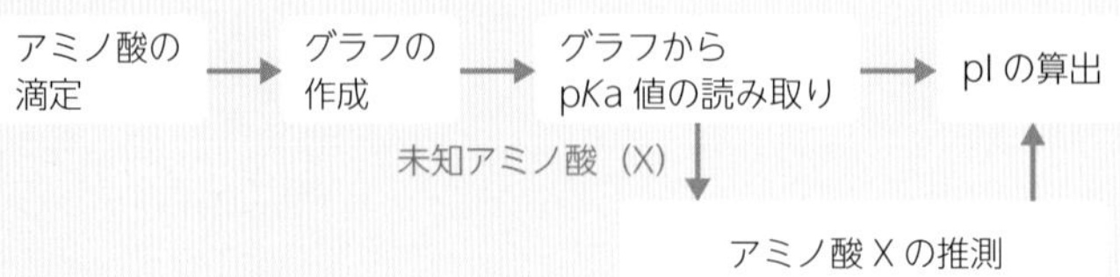

目的

●「生化学」p.49～51参照

グリシン溶液の酸および塩基滴定を行いながら，その緩衝作用を確認し，さらにpIを求める．また，未知のアミノ酸溶液も滴定し，滴定曲線からアミノ酸を推測およびpIを算出する．

試薬

表5 試薬の一覧

試薬名	1グループあたりの量	1グループあたりの事前準備	自由筆記欄
25 mg/mLグリシン溶液*1	20 mL＋10 mL（予備）	試薬10.0 mLを100 mLビーカーに入れたもの2つを用意する	
25 mg/mL未知アミノ酸溶液（アラニン，アスパラギン酸，ヒスチジン，リジンのいずれか）*2	20 mL＋10 mL（予備）	試薬10.0 mLを100 mLビーカーに入れたもの2つを用意する	
2.00 mol/L（2 N）NaOH溶液*3	25 mL＋10 mL（予備）	あらかじめビュレットに充填しておく	
1.00 mol/L（2 N）硫酸（H_2SO_4溶液）*4	25 mL＋10 mL（予備）	あらかじめビュレットに充填しておく	
pH試験紙（CR, TB, BPB, BCG, MR, BTB, AZY, ALBの8種類）*5		5 mmくらいの長さにカットし，8連ケースに入れる	

＊1 グリシン2.50 gを純水に溶解し，100 mLにする．
＊2 アミノ酸2.50 gを純水に溶解する．酸性アミノ酸の場合には2.0 mol/L水酸化ナトリウム溶液10～20 mL，塩基性アミノ酸の場合には2.0 mol/L塩酸10～20 mLを純水に加えた溶液にアミノ酸を溶解する．さらに，アミノ酸が完全に溶けたとことを確認してから，塩酸または水酸化ナトリウム溶液でpHを5.5～6.0付近に合わせる（pH試験紙を用いる）．
＊3 NaOH（式量40.00）40.0 gを純水に溶解し，500 mLにする．
＊4 98％濃硫酸（18.0 mol/Lまたは36 N）30 mLを純水で希釈し，540 mLにする．または，95％濃硫酸（17.8 mol/Lまたは35.6 N）28.1 mLを純水で希釈し，500 mLにする．
＊5 〈実験3-1〉の試薬を参照．

器具

- □ ガラスビーカー（100 mL） 6個
- □ ビュレット（H_2SO_4用およびNaOH用） 各1本
- □ 撹拌棒 1本
- □ A4無色透明下敷き（pH試験紙をのせる台） 1枚
- □ 標準変色表8セット用 1枚
- □ ピンセット（pH試験紙の容器からの取り出しに使用） 1本
- □ ペーパータオル（濡れた器具から水分を拭きとる際に使用）

操作

A. グリシン溶液の酸・塩基滴定（図5）

❶ 100 mLビーカーに入った10.0 mLのグリシン溶液を2つ用意する.

⬇

❷ 1つ目のグリシン溶液に撹拌棒を入れた後，pH試験紙の上に置いてグリシン溶液をつけ，pHを測定する（以降の操作でも同様の方法で，pH試験紙に溶液をつける）.

⬇

❸ H_2SO_4溶液の入ったビュレットの目盛り（0.01 mLの単位まで）を読み，pHとともにノートに記録する.

⬇

❹ ❷のビーカーに，ビュレットよりH_2SO_4を1滴滴下し，ビュレットの目盛りを読む．撹拌後pHを測定し，ノートに記録する.

⬇

❺ ❹の操作を計10回くり返す.

⬇

❻ H_2SO_4溶液を2滴滴下し，ビュレットの目盛りを読む．撹拌後pHを測定し，ノートに記録する.

⬇

❼ ❻の操作を計5回くり返す.

⬇

❽ H_2SO_4溶液を4滴滴下し，ビュレットの目盛りを読む．撹拌後pHを測定し，ノートに記録する.

⬇

❾ ❽の操作をpH1.2になるまでくり返す.

⬇

❿ ガラス棒を洗浄し，ペーパータオルで水分を拭う.

⬇

⓫ 2つ目のグリシン溶液に撹拌棒を入れた後，pH試験紙の上に置いてグリシン溶液をつけ，pHを測定する（❷と同じpHになることを確認する）[❶].

⬇

⓬ NaOH溶液の入ったビュレットの目盛りを読む．pHとともにノートに記録する.

⬇

⓭ NaOH溶液を1滴滴下し，ビュレットの目盛りを読む．撹拌後pHを測定し，ノートに記録する.

⬇

⓮ ⓭の操作を計10回くり返す.

⬇

グリシン溶液

pH試験紙　pH試験紙

H_2SO_4　NaOH

pH試験紙　pH試験紙

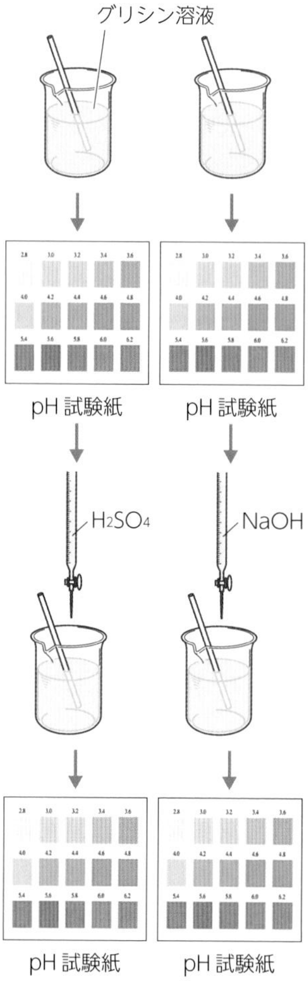

図5　グリシンの性質の確認

❶**注意**　4名以上のグループで行う場合には2手に分かれて❷と⓫を同時に行ってもよい．この場合，ピンセットと撹拌棒は2本ずつ使用する.

⑮ NaOH溶液を2滴滴下し，ビュレットの目盛りを読む．撹拌後pHを測定し，ノートに記録する．

↓

⑯ ⑮の操作を計5回くり返す．

↓

⑰ NaOH溶液を4滴滴下し，ビュレットの目盛りを読む．撹拌後pHを測定し，ノートに記録する．

↓

⑱ ⑰の操作をpHが12になるまでくり返す．

B. 純水の酸・塩基滴定

グリシン溶液の代わりに10.0 mLの純水で，pHが1.2以下または12以上になるまで同様の実験を行う（1滴ずつで2～3回で終わる）．

C. 未知のアミノ酸溶液の酸・塩基滴定

グリシン溶液の代わりに未知のアミノ酸溶液で，グリシン溶液の場合と同様の実験を行う（アラニン，アスパラギン酸，ヒスチジン，リジンのいずれか，実験グループにより異なるアミノ酸溶液を提供する）．

実験データと整理

① それぞれの滴定ごとに表6，7のような表をノートに作成し，測定値を記入する．

② 加えたH_2SO_4溶液（mL）の体積を横軸の左方向に，NaOH溶液（mL）の体積を横軸の右方向に，pHを縦軸にして方眼紙にプロットし（図6），なめらかな曲線でつなぐ．グリシン溶液と未知アミノ酸溶液は，別々の方眼紙にプロットすること[※3]．

③ プロットの曲線の傾きの小さいときのpHを探す．これが，アミノ酸のp*K*aである．p*K*aは，カルボキシ基またはアミノ基1つにつき，1個ある．したがって，中性アミノ酸の場合は，カルボキシ基とアミノ基を1つずつもつので，p*K*aは2つ存在する

④ p*K*aからグリシン，および未知アミノ酸の等電点（pI）を計算する．未知のアミノ酸の場合，p*K*aの個数からアミノ酸を推定し，等電点（pI）を計算する．

※3 水の影響を考慮するならば，同じpHになるのに要したH_2SO_4溶液またはNaOH溶液の体積を水の滴定の結果から算出し，これをアミノ酸の滴定で要した溶液の体積から差し引いた値をプロットすると，より正確な滴定曲線を描くことができる．

1）酸性アミノ酸や塩基性アミノ酸のp*K*aは3つある．p*K*aが3つあるアミノ酸のpIの求め方について調べ，まとめなさい．

図表のDLはこちら

表6　硫酸の滴定

	ビュレットの目盛り（mL）	滴下量（mL）	pH
		0	
1滴ずつ滴下			
2滴ずつ滴下			
4滴ずつ滴下			

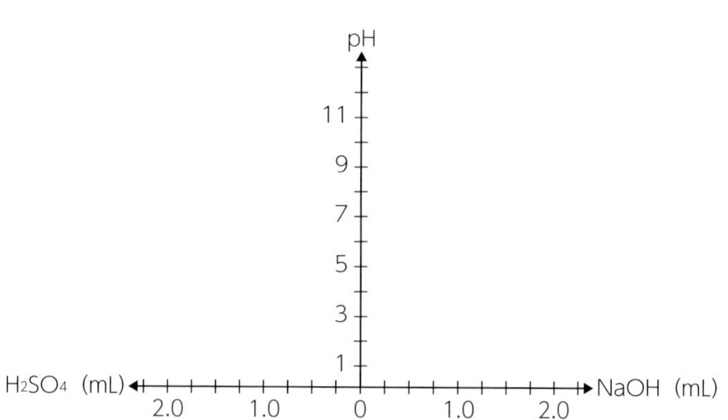

図6　滴定曲線グラフにおける縦軸および横軸の書き方例

表7　水酸化ナトリウム溶液の滴定

	ビュレットの目盛り（mL）	滴下量（mL）	pH
		0	
1滴ずつ滴下			
2滴ずつ滴下			
4滴ずつ滴下			

第5章 タンパク質の等電点

Point

1. タンパク質は，両性電解質であることを理解する
2. それぞれのタンパク質は，固有のpIをもつことを理解する
3. タンパク質溶液のpH値をpI値に近づけると，溶解度が低下することを理解する
4. タンパク質が等電点付近で溶解度が低下することを利用して，食品がつくられていることを理解する

1 タンパク質の等電点

●「生化学」p.56参照

タンパク質は両性電解質の一種であり，アミノ酸と同様に**等電点（pI）**をもつが，成分のアミノ酸の種類と数によってpIの値は，かなり異なる．例えば，コムギのグリアジンのように酸性アミノ酸に富むものでは，等電点は4付近であるが，プロタミンのように塩基性アミノ酸に富むものでは10～12に及ぶ．等電点を知ることにより，各タンパク質を構成するアミノ酸の組成比の違いが推測できる．等電点付近では水との親和性が最も小さくなるために，タンパク質の溶解度は最小になる（最も水に溶けにくくなる）．一方，タンパク質同士の分子間力が最も大きくなり，タンパク質は沈殿する．このような等電点の差異を利用したタンパク質の分離や精製が行われている．加えて，一部の豆腐やカッテージチーズ，ヨーグルトなどの食品は，等電点付近でタンパク質の溶解度を低下させることを利用して生産されている．本章では，タンパク質の一性質として，タンパク質の溶解度は水溶液中のpHによって変化することを学ぶ．

実験
5-1

タンパク質水溶液のpHを変化させたときの状態観察

概要図

目的

タンパク質を含む水溶液の pH を酸やアルカリを加え，変化させたときの水溶液の様子を観察し，性質を調べる

方法

塩酸や水酸化ナトリウム溶液でタンパク質水溶液（卵白水溶液，スキムミルク液）の pH を変化させ，水溶液の濁りや沈殿の様子を観察する

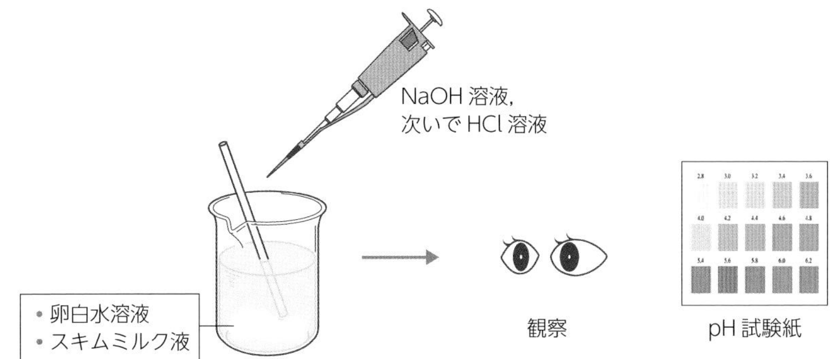

等電点付近の pH では，正味の電荷が 0 に近づいて溶解度が低下し，濁りや沈殿を生じる（『生化学』p.56）

実験のフローチャート

実験サンプル → pH 測定と水溶液の状態観察 → 水溶液中で濁りや沈殿をもたらすタンパク質を文献などから調べる

（水酸化ナトリウム溶液または塩酸 → 実験サンプルと pH 測定の間に加える）

第5章 タンパク質の等電点

目的

卵白水溶液およびスキムミルク液に0.1 mol/L HCl溶液または，0.1 mol/L NaOH溶液を加えたときのpHおよび溶液の変化を観察する．透明度（タンパク質の溶解度）がpHによって変化すること，およびタンパク質の種類によってpIが異なることを確認する．

試薬

表1　試薬の一覧

試薬名	1グループあたりの量	1グループあたりの事前準備	自由筆記欄
卵白水溶液＊1	10 mL＋5 mL（予備）	試薬10.0 mLを100 mLビーカーに入れたもの1つを用意する	
3.00％スキムミルク溶液＊2	10 mL＋5 mL（予備）	試薬10.0 mLを100 mLビーカーに入れたもの1つを用意する	
100 mmol/L HCl溶液＊3	20 mL＋10 mL（予備）	試薬約30 mLを50 mL蓋つきプラスチックチューブに入れたものを1本用意する	
100 mmol/L NaOH溶液＊4	24 mL＋10 mL（予備）	試薬約35 mLを50 mL蓋つきプラスチックチューブに入れたものを1本用意する	
pH試験紙（CR, TB, BPB, BCG, MR, BTB, AZY, ALBの8種類）＊5		5 mmくらいの長さにカットし，8連ケースに入れる	

＊1　生卵1～2個分の卵白に4倍量の純水を加え，泡だて器で卵白を均一に分散させた後，50 mL蓋つきプラスチックチューブに移し，3,000回転10分間遠心を行う．上清を卵白水溶液として用いる．
＊2　スキムミルク3.00 gを純水に溶解し，100 mLにする．
＊3　濃塩酸（36.5％，11.7 mol/L）4.28 mLを純水で希釈し，500 mLにする．または，容量分析用の試薬を使用する．
＊4　NaOH（式量40.00）2.00 gを純水に溶解し，500 mLにする．または，容量分析用の試薬を使用する．
＊5　〈実験3-1〉の試薬を参照．

器具

- □ ガラスビーカー（100 mL）　2個
- □ マイクロピペッター（1,000 μL）およびピペットチップ
- □ 試験管立て（50 mL用）　1個
- □ 撹拌棒　1本
- □ A4無色透明下敷き（pH試験紙をのせる台）　1枚
- □ 標準変色表8セット用　1枚
- □ ピンセット（pH試験紙の容器からの取り出しに使用）　1本
- □ ペーパータオル（濡れた器具から水分を拭きとる際に使用）

操作

A. 卵白水溶液の性質（図1）

❶ 撹拌棒を卵白水溶液の入ったビーカーに入れた後，pH試験紙の上に置いて卵白溶液をつけ，pHを測定し，ノートに記録する（後述表2）．

⬇

❷ 100 mmol/L HClを0.500 mL入れ，よく撹拌する．1分静置後，pHを測定し，ノートに記録する．および，そのときのビーカー内の液体の状態についてもノートに記録する．

⬇

❸ ❷の操作を10回くり返す．

⬇

❹ HClを10回加えた後，今度は同じビーカーに100 mmol/L NaOH溶液を0.500 mL入れ，よく撹拌する．1分静置後，pHを測定し，ノートに記録する．および，そのときのビーカー内の液体の状態についてもノートに記録する．

⬇

❺ ❹の操作を12回くり返す．

B. スキムミルク液の性質

❶ 撹拌棒をスキムミルク液の入ったビーカーに入れた後，pH試験紙の上に置いてスキムミルク液をつけ，pHを測定し，ノートに記録する（後述表3）．

⬇

❷ 卵白水溶液の場合と同じように，100 mmol/L HCl 0.500 mLを10回，100 mmol/L NaOH溶液0.500 mLを12回入れて，1回ごとに撹拌，1分間の静置，pHの測定，ビーカー内の液体の様子の観察とノートへの記録を行う．

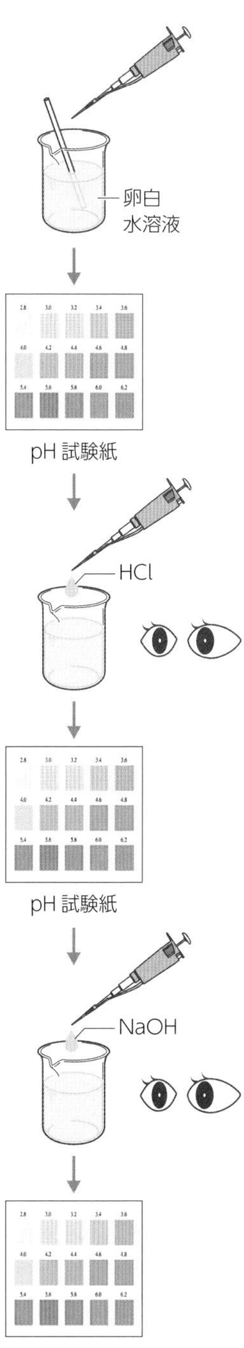

図1　**卵白水溶液の性質の確認**

第5章 タンパク質の等電点

実験データと整理

卵白液，スキムミルク液それぞれについて表2，3のような表をノートに作成し，pHおよび溶液の様子を記録する．

表のDLはこちら

表2　卵白5倍希釈液のpH測定値と観察記録

溶液（mL）	pH	溶液の様子
入れる前		
HCl溶液0.5		
HCl溶液1.0		
HCl溶液1.5		
HCl溶液2.0		
HCl溶液2.5		
HCl溶液3.0		
HCl溶液3.5		
HCl溶液4.0		
HCl溶液4.5		
HCl溶液5.0		
NaOH溶液0.5		
NaOH溶液1.0		
NaOH溶液1.5		
NaOH溶液2.0		
NaOH溶液2.5		
NaOH溶液3.0		
NaOH溶液3.5		
NaOH溶液4.0		
NaOH溶液4.5		
NaOH溶液5.0		
NaOH溶液5.5		
NaOH溶液6.0		

表3　3%スキムミルク液のpH測定値と観察記録

溶液（mL）	pH	溶液の様子
入れる前		
HCl溶液1.0		
HCl溶液2.0		
HCl溶液3.0		
HCl溶液4.0		
HCl溶液5.0		
HCl溶液6.0		
HCl溶液7.0		
HCl溶液8.0		
HCl溶液9.0		
HCl溶液10.0		
NaOH溶液1.0		
NaOH溶液2.0		
NaOH溶液3.0		
NaOH溶液4.0		
NaOH溶液5.0		
NaOH溶液6.0		
NaOH溶液7.0		
NaOH溶液8.0		
NaOH溶液9.0		
NaOH溶液10.0		
NaOH溶液11.0		
NaOH溶液12.0		

1）卵白液，スキムミルク液に含まれるタンパク質の種類を調べ，pHを変化させたときの溶液の状態の変化ついて，それぞれ考察しなさい.

2）等電点におけるタンパク質の溶解度の低下を利用してつくられた食品の例を挙げ，その製造について調べ，まとめなさい.

第6章 吸光光度分析（比色定量法）

Point

1. 白色光を照射して観察される物質の色は，物質が吸収する光の色と補色の関係にあることを理解する
2. 吸光光度分析の原理を理解する
3. 呈色溶液における単色光の吸光度は，その溶液の濃度と比例の関係にある（ランベルト・ベールの法則）を理解する
4. 濃度のわかっている呈色標準溶液を用いれば，吸光光度分析を用いることで，同じ溶質を含む濃度のわかっていない溶液の濃度を調べることができることを理解する

1 色について

インクや食品添加物に代表される色素を水に溶かすと，白色光の下では色の付いた透明な溶液として観察される．例えば，ブルーハワイソーダに含まれる色素であるブリリアントブルーFCF（青色1号ともよぶ）を水に溶かすと，水色がかった青色が観察される．これは白色光のうち，630 nm付近のオレンジ色の光を溶液中のブリリアントブルーFCF分子が吸収し，反射された残りの波長の光が目に入るからである．つまり，白色光中の吸収された光の色と観察される光の色は補色の関係にある．補色の関係にある色をまとめたものを**カラーサークル**（色相環）とよぶ（図1）．青色は黄色の補色である．

2 吸光光度分析について

光は**光子**とよばれるエネルギー粒子の流れである．化学分子が吸収可能なエネルギーは量子化されているため，決まった波長の光のみを吸収する．この決まった波長の光子が吸収される数は，光束（こうそく）が通過する場所における化学分子の数（溶質の濃度）に比例する（図2）．

ある呈色（ていしょく）溶液〔硫酸銅溶液（淡い水色）のように，色彩を示す溶液〕における溶質分子の濃度cの溶液を長さbの容器（セル）に入れ，溶質分子

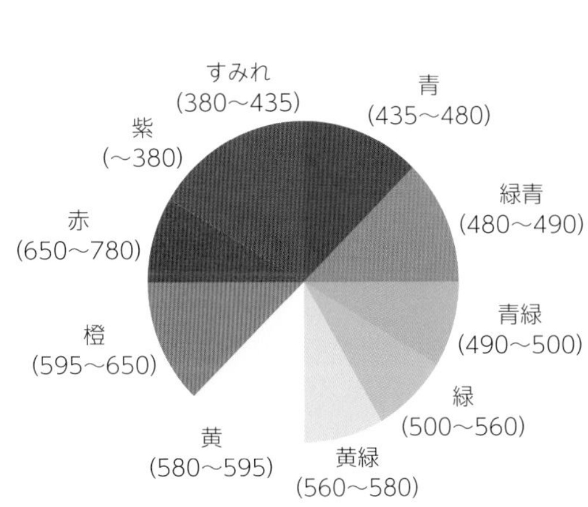

図1 **カラーサークル**

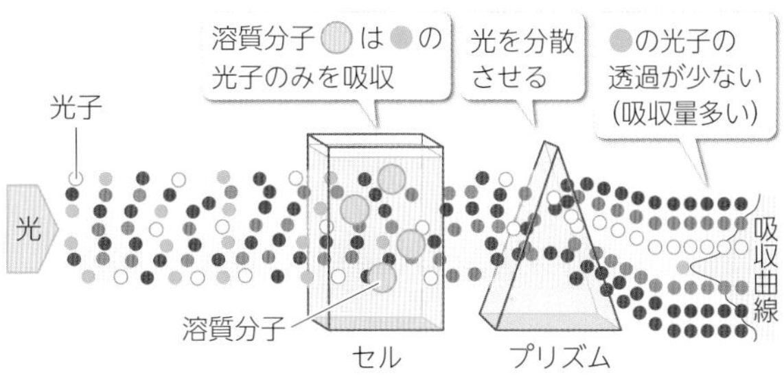

図2 **吸光光度分析の原理**

セル中の溶質分子（ピンク色）は緑色の光子のみを吸収する．すなわち，溶質分子の濃度は緑色の光子の吸収量に比例する．この図では，試料に光を当てた後，透過した光を波長の違いで分けている．プリズムは光の波長により屈折率が異なるため波長の異なる光を分散させることができる．実際の測定では，分光器で単一の波長にした光を試料に当て，その波長の光の吸収の割合を調べる．
茶山健二：環境計測のための機器分析法．甲南大学理工学部機能分子化学科（http://kccn.konan-u.ac.jp/chemistry/ia/contents_02/04.html）を参考に作成．

が吸収する波長の光（単色光）を一方向から当てる（図3）．このときの光束の強さをI_0，セルを透過した光速の強さをIとすると，

$$-\log_e\left(\frac{I}{I_0}\right) = \varepsilon bc \quad \cdots\cdots \text{Ⅰ式}$$

の関係が成立する（物理化学的な取り扱いは，本書では省略する）．εは定数で，**モル吸光係数**とよぶ．この関係は，発見した科学者の名にちなんで，ランベルト・ベールの法則とよばれている．また，(I/I_0)を**透過度**といい，Tであらわす．さらに$-\log_e T$を**吸光度**とよびAであらわす．Ⅰ式をAを用いてあらわすと，

$$A = -\log_e T = \varepsilon bc \quad \cdots\cdots \text{Ⅱ式}$$

セルの長さ$b = 1$とすると

$$A = -\log_e T = \varepsilon c \quad \cdots\cdots \text{Ⅲ式}$$

が成立する．すなわち，溶液の吸光度Aは溶質分子の濃度cに比例する．この比例関係を利用すれば，呈色溶液の濃度を測定することができる．この分析を**吸光光度分析**または**比色定量分析**という．吸光度Aは，分光光度計を用いて測定する（図4）．比色定量分析は，発色を伴う化学反応（呈色反応）と組合せてヒト血清中の生体分子の定量（血液生化学値，第8章）や食品中の栄養素の定量分析（一例として，第14章にビタミンC）など，医薬学や食品学分野における最も大切な分析技術の1つである．

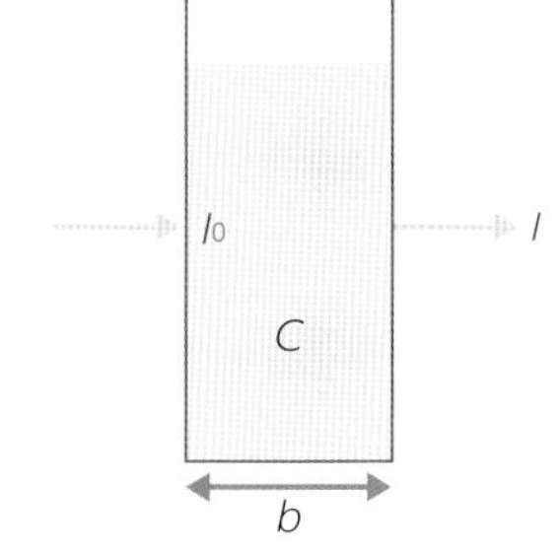

図3 **溶液中における光の吸収**

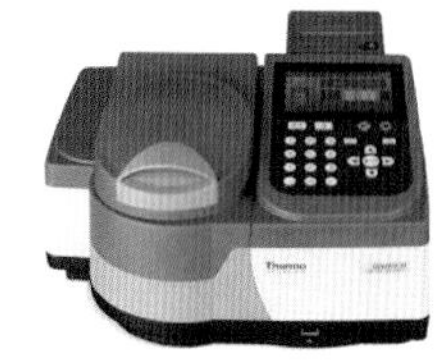

図4 **分光光度計**

GENESYS™ 30可視分光光度計．写真提供：サーモフィッシャーサイエンティフィック社．

合成着色料の比色定量

概要図

合成着色料の濃度と吸光度の関係が比例関係にあることを確かめる．また，この関係を利用して食品中の合成着色料の濃度を調べる

方法

着色料（黄色４号，青色１号）の希釈液の吸光度を測定し，直線関係のグラフを作成する．このグラフを検量線として，食品に含まれる合成着色料の濃度を調べる

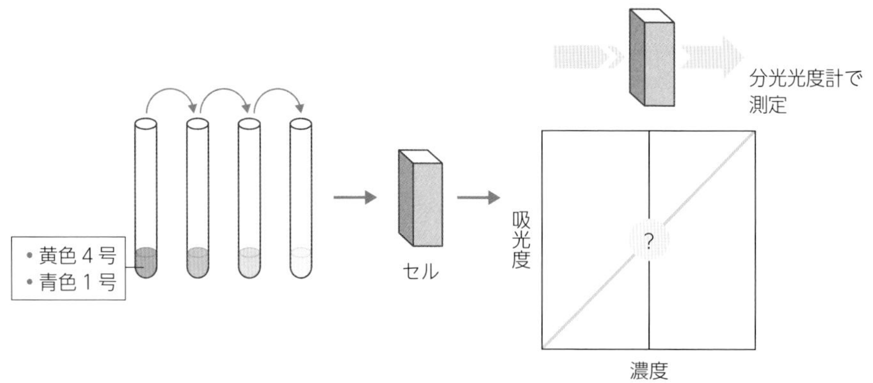

濃度と吸光度の直線関係のグラフ（検量線）を用いれば，吸光度から濃度を算出できる

実験のフローチャート

※例：かき氷メロンシロップ

目的

合成着色料の水溶液をさまざまな濃度に希釈し，着色料の濃度と吸光度の関係が比例関係にあることを確かめる．および，比色定量法を利用して食品中の合成着色料の濃度を調べる．

試薬

表1 試薬の一覧

試薬名	1グループあたりの量	1グループあたりの事前準備	自由筆記欄
100 ppmタートラジン（黄色4号）ストック水溶液*1	2 mL＋1 mL（予備）	予備も含めて，試薬約3 mLを試験管に入れたものを用意する	
100 ppmブリリアントブルーFCF（青色1号）ストック水溶液*2	1 mL＋1 mL（予備）	予備も含めて，試薬約2 mLを試験管に入れたものを用意する	
黄色4号，青色1号で着色された液体の食品（シロップ）または飲料*3	1～2 mL前後	（かき氷用のメロンシロップの場合）～1 mL程度を試験管に入れたものを用意する	

＊1 タートラジン10.0 mgを純水に溶解し，100 mLにメスアップする．
＊2 ブリリアントブルーFCF10.0 mgを純水に溶解し，100 mLにメスアップする．
＊3 かき氷のシロップや着色料を含む清涼飲料水のうち，黄色4号，青色1号を含むが他の着色料を含まないもので，液体が透明の商品を選ぶ．メロンシロップには黄色4号と青色1号の両方を含む商品（マイシロップ メロン，明治屋など）がある．

器具

- □ 100 mLガラスビーカー（希釈用純水を入れる） 1個
- □ 50 mLプラスチックチューブ（着色料ストック水溶液希釈用） 2本
- □ 試験管 16本
- □ 試験管立て（50 mL用，16 mL用） 各1個
- □ ポリスチレン製分光光度計用セル（アズラボ1-2855-02，セミミクロタイプ：図5） 14個
- □ 角型セルホルダー（またはセルスタンド） 2個
- □ マイクロピペット（1,000 μL）およびピペットチップ
- □ 試験管ミキサー（図6）
- □ 可視分光光度計

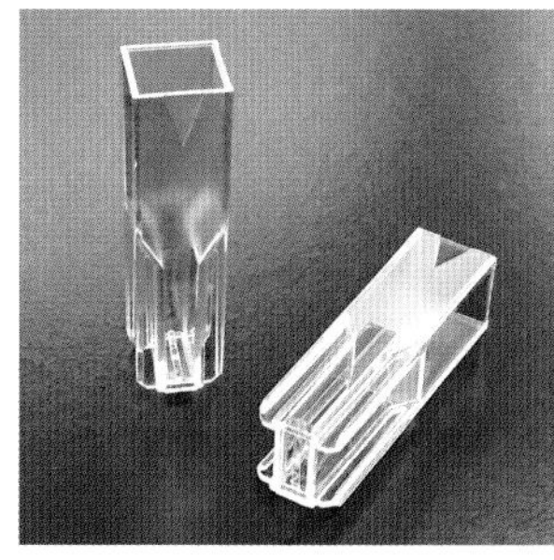

図5 分光光度計用セル

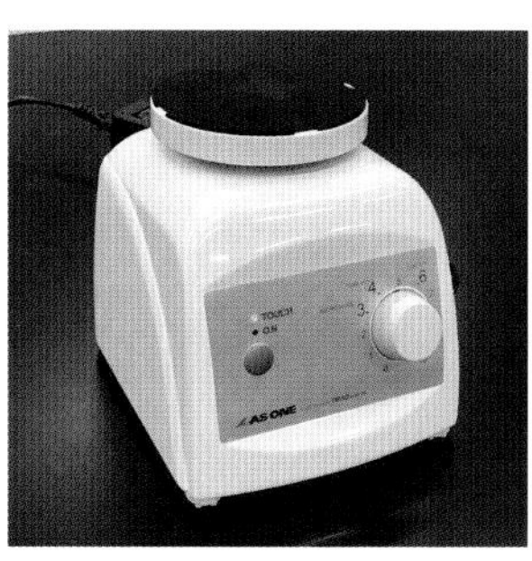

図6 試験管ミキサー

操作

A. 合成着色料水溶液の調製

1）20 ppm タートラジン溶液

50 mL チューブに8.00 mL❶の純水を入れる．次いで100 ppm タートラジン（黄色4号）ストック水溶液を2 mLを加え，ボステックスミキサーで撹拌する．

❶注意　1,000 μLのマイクロピペットで目盛りを1,000に合わせる．1.000 mLを8回くり返し，8.00 mLを入れる．このように，1 mLを超える体積の溶媒や溶液を移すときには，ピペットでの分注操作をくり返し行う．

2）10 ppm ブリリアントブルーFCF溶液

50 mL チューブに9 mLの純水を入れる．次いで100 ppm ブリリアントブルーFCF（青色1号，BBFCF）ストック水溶液を1 mLを加え，ボステックスミキサーで撹拌する．

B. 合成着色料水溶液の希釈

表2　タートラジン希釈表

試験管番号	Y0	Y1	Y2.5	Y5	Y10	Y20
タートラジン（ppm）	0	1	2.5	5	10	20
純水（mL）	4.00	3.80	3.50	3.00	2.00	0
20 ppm タートラジン（mL）	0	0.200	0.500	1.00	2.00	4.00

表3　ブリリアントブルーFCF（BBFCF）希釈表

試験管番号	B0	B0.5	B1.25	B2.5	B5	B10
BBFCF（ppm）	0	0.5	1.25	2.5	5	10
純水（mL）	4.00	3.80	3.50	3.00	2.00	0
10 ppm BBFCF（mL）	0	0.200	0.500	1.00	2.00	4.00

❶ 試験管（タートラジン，BBFCFそれぞれ6本ずつ）にマジックで試験管番号を書く（表2，3）．

⬇

❷ それぞれの試験管に希釈表（表2，3）に従って純水を加える（1,000 μLのマイクロピペットを使用する．3.50 mLの場合，1,000 μLを3回，500 μLを1回入れる）※1．

※1　7章以降も1 mLを超える容量の試料を取る場合は，同様に複数回に分けて取る．

⬇

❸ それぞれの試験管に希釈表（表2，3）に従って合成着色料水溶液（20 ppm タートラジン，または10 ppm BBFCF）を加える．

⬇

❹ 試験管ミキサーで撹拌する．

⬇

❺ 濃度の薄い順に試験管を左から並べる（図7）．試験管の後ろ側に白い紙を立てかけ，色の濃さの違いを観察する．写真を撮ってもよい．

⬇

0　0.5　1.25　2.5　5　10 (ppm)

図7　ブリリアントブルーFCF水溶液
ブリリアントブルーの濃度は，左から0, 0.5, 1.25, 2.5, 5, 10 ppm.

❻ 12個のセルの曇っている面（図5）の上側に試験管番号と同じ番号を書く.

⬇

❼ 希釈液を同じ番号が記されたセルへ容積の9割程度まで入れる．セルを濃度の薄い順にセルホルダーに並べる．セルをもつときは，曇っている面（の上側の部分）を触ること.

C. 分光光度計を用いた合成着色料希釈水溶液の吸光度の測定

❶ 測定波長をタートラジンは440 nm[❷]に，BBFCFは630 nmに合わせる.

⬇

❷ 測定モードを吸光度（ABS）にする.

⬇

❸ 濃度0のサンプルの入ったセルを受光方向を示す矢印が左を向くように入れる[❸]．セルをもつときは，曇っている上側の部分を触ること.

⬇

❹ 分光光度計の蓋をゆっくり閉じ，一呼吸置いてからオートゼロ（Autozero）ボタンを押す（これが濃度0の吸光度となる）.

⬇

❺ 分光光度計の蓋を開けてサンプルの入ったセルを取り出す．次に，濃度の一番薄い溶液（タートラジン1 ppm，BBFCF 0.5 ppm）の入ったセルを透明な面が左右に向くように入れ，分光光度計の蓋をゆっくり閉じる.

⬇

❻ 一呼吸置いたら，吸光度の数値を読み，ノートに記録する（表4，5）.

⬇

❼ ❺と❻の操作をくり返し，濃度の薄い順に吸光度を測定し，ノートに記録する.

⬇

❽ 横軸を食品添加物の濃度，縦軸を吸光度でグラフ用紙にプロットし，ランベルト・ベールの法則が成り立つか，確認する.

❷注意　タートラジンの吸収極大は427 nm付近であるが，BBFCFも若干の光吸収がある．両色素の混合溶液の測定を可能にするために，440 nmで測定する.

❸注意　受光方向を示す矢印が刻印されていないセルを用いる場合には，教員の指示に従う.

分光光度計の使い方

表のDLはこちら

表4　タートラジン（黄色4号）溶液の吸光度

タートラジン（ppm）	440 nmの吸光度（A_{440}）
0	
1	
2.5	
5	
10	
20	

表5　ブリリアントブルーFCF（青色1号）溶液の吸光度

BBFCF（ppm）	630 nmの吸光度（A_{630}）
0	
0.5	
1.25	
2.5	
5	
10	

D. 食品・飲料中の合成着色料（黄色4号，青色1号）の濃度の測定

❶ 黄色4号，青色1号を含むシロップ類，飲料類〔マイシロップ メロン（明治屋）など〕を試験管に入れる．

⬇

❷ 合成着色料希釈水溶液の色と比較する．Y20またはB10よりも濃い場合，純水で希釈する．希釈の目安はY5～Y20，B1.25～B5の間になるようにする．希釈時，食品（飲料）と純水の体積をメモすること．2つの色素を含む溶液の場合は，それぞれの色素の希釈の目安内に入るようにするため，希釈率の異なる2種の溶液を調製してもよい．

⬇

❸ 希釈が終わったら，サンプルを未使用の分光光度計用セルに入れる（セル容積の9割程度）．濃度0のサンプル（純水）ももう一度セルに入れる．

⬇

❹ 黄色4号を含むサンプルは波長440 nm，青色1号を含むサンプルは波長630 nmの吸光度を測定する．メロンシロップのような両方の色素を含む食品の場合，2つの波長の吸光度をそれぞれ測定する．希釈サンプルの吸光度が検量線の値より大きくなった場合には，吸光度の数値を参考にしながら，さらに薄い濃度に希釈して測定し直す．
測定をはじめる際，はじめに濃度0のサンプルを分光光度計にセットし，Autozeroを押してベースライン（ブランク値）を0に合わせること．セルは，受光方向を示す矢印が左を向くように入れること．セルをもつときは，曇っている上側の部分を触ること．

⬇

❺ 前項Cの実験データを用いて検量線を作成し，食品・飲料中の合成着色料の濃度を求める（「実験データと整理」を参照）.

実験データと整理

① Excelを開き，食品添加物の濃度と吸光度の表を作成する．さらに「挿入」のタブを開いて，散布図を作成する.

② 散布図を選択した状態で，「グラフのデザイン」のタブを開き，「グラフ要素の追加」をクリックし，「近似曲線」→「その他の近似曲線オプション」をクリックする.

③「近似曲線のオプション」から「線形近似」を選択し，「グラフに数式を表示する」および「グラフにR-2乗値を表示する」にチェックを入れる．グラフに近似直線，数式，R^2値が示される．R^2が0.99よりも大きければ，濃度と吸光度の間に直線関係が成立しているといえる.

④ Excel関数SLOPEを用いれば一次回帰曲線の傾きが，INTERCEPTを用いれば一次回帰曲線の切片が求まる（$y = ax + b$において，傾きはa，切片はb）.

⑤ 濃度をx，吸光度をyとすると，吸光度がわかれば$x = (y - b) / a$より，濃度が算出される.

課題

1）分光光度計を使用した，タンパク質や糖質，脂質の定量法を1つ選び，選択した定量法について，測定原理および実験方法を解説しなさい.

第7章 酵素の性質

Point

1. 酵素活性が反応温度や反応液のpHで変化することを理解する
2. それぞれの酵素において，活性が最大となる温度（至適温度）やpH（至適pH）は，その酵素が働いている環境と近い条件にあることを理解する
3. ミカエリス・メンテンの式，ラインウィーバー・バークの二重逆数プロットを理解する
4. 実験よりラインウィーバー・バークの二重逆数プロットを作成し，ミカエリス定数が求められることを理解する
5. 酵素活性阻害剤（阻害剤）の阻害様式を理解する

1 酵素とは

ヒトが生命活動を維持していくために，細胞内でさまざまな化学反応が行われている．これらの化学反応を進めるために触媒として働く生体高分子を**酵素**（enzyme）という．酵素は特定の反応物質（**基質**という）のみに選択的に結合し，化学反応を触媒する．これを**基質特異性**という．基質と酵素の関係は，よく鍵と鍵穴の関係にたとえられている．また，酵素のほとんどは，タンパク質からできている．

タンパク質は，アミノ酸側鎖の水素結合，イオン結合，ファンデルワールス力，および疎水結合などの非共有結合を介して特有の**立体構造**（コンフォメーション）をとるように折りたたまれる．水溶液中のpHの変化や加温（加熱）は，非共有結合の状態を変化させ，タンパク質の立体構造を変える．変化が大きいと，もとのpHや温度に戻しても立体構造がもとに戻らない場合（不可逆的）もある．これをタンパク質の**変性**とよぶ．

酵素におけるこのような立体構造の変化は，鍵穴の形の変形をもたらし，酵素を失活させる（図1）．

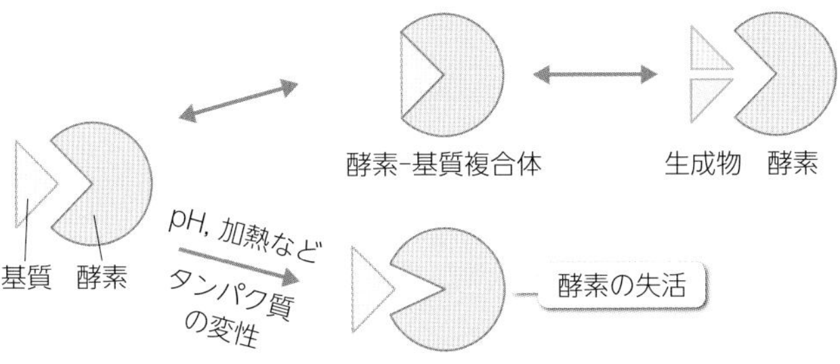

図1　酵素の失活

2 酵素反応

酵素反応は，次のような一般式で示すことができる．

E（酵素，enzyme）＋ S（基質，substrate）⇄ ES（酵素－基質複合体）⇄ E ＋ P（生成物，product）

酵素が存在しない場合には，S（基質）→ P（生成物）の反応は非常に進みにくい※1．これは，SからPへ反応が進むためには，エネルギーを必要とするからである．この（エネルギー）障壁があるために，Sは安定に存在する●．SがPへと反応が進行するためには，この障壁を乗り越えるためのエネルギーが必要である．これを**活性化エネルギー**という．酵素は活性化エネルギーを小さくさせることで，反応を起こりやすくする（反応速度を上げる）．

前述の酵素反応における反応速度（v）は，次のように示される●．［S］は基質の濃度である．

$$v = \frac{V_{max}\ [S]}{K_m + [S]} \quad \cdots\cdots \text{I 式}$$

I 式をミカエリス・メンテン（Michaelis-Menten）の式という．式中の***Km*をミカエリス定数，*Vmax*を最大速度**という．実験的に*Km*や*Vmax*を求めるためには，ミカエリス・メンテンの式の両辺の逆数をとって変形したII式〔ラインウィーバー・バーク（Lineweaver-Burk）の式という〕を用いることが多い．

$$\frac{1}{v} = \frac{K_m}{V_{max}} \times \frac{1}{[S]} + \frac{1}{V_{max}} \quad \cdots\cdots \text{II 式}$$

II式より，X軸に基質濃度の逆数（1/［S］），Y軸に反応速度の逆数（1/v）でプロットし直線を引いた図を作成することができる．これをラインウィーバー・バークの二重逆数プロットという（図2）．ラインウィーバー・バークの二重逆数プロットでは，X軸との交点が $-1/Km$ をY軸との交点が $1/Vmax$ を示す．また，傾きは $Km/Vmax$ を示す．

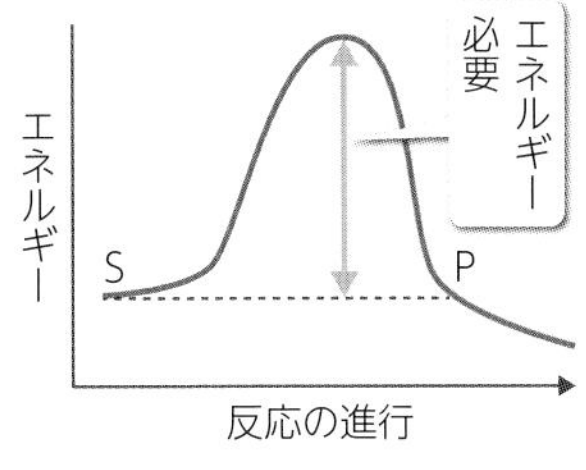

※1　進みやすい場合，Sは直ちにPに変化してしまう．すなわち，Sは安定に存在しない．

●「生化学」p.63，図1参照

●「生化学」p.65～66参照

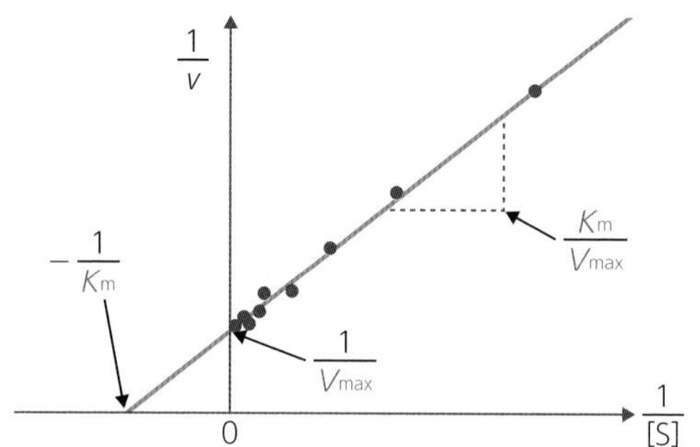

図2 ラインウィーバー・バークの二重逆数プロット

また，Y軸を$1/v$の代わりに一定量の反応に要した時間（T）でラインウィーバー・バークの二重逆数プロットを作成することが可能である．この場合，*V*maxを求めることはできないが，*K*mを求めることができる．

〈実験7-1〉では，酵素活性が反応温度や反応液のpHで変化することを理解する．〈実験7-2〉では，基質の濃度によって同じ量の反応を触媒する時間が変わることを利用してラインウィーバー・バークの二重逆数プロットを作成し，傾きと切片からミカエリス定数（*K*m）を算出できることを理解する．さらに〈実験7-3〉では，阻害剤を反応液に加えてラインウィーバー・バークの二重逆数プロットを作成し，反応の阻害様式を調べる．

実験
7-1

西洋わさびペルオキシダーゼ（HRP）活性の観察

概要図

目的

HRP 活性を比色法により検出し，酵素活性におよぼす反応温度や pH の影響を観察する

方法

ペルオキシダーゼによる酸化反応で発色する試薬を用い，吸光度で反応量を比較する．反応温度や pH と反応液の吸光度との関係をグラフにする

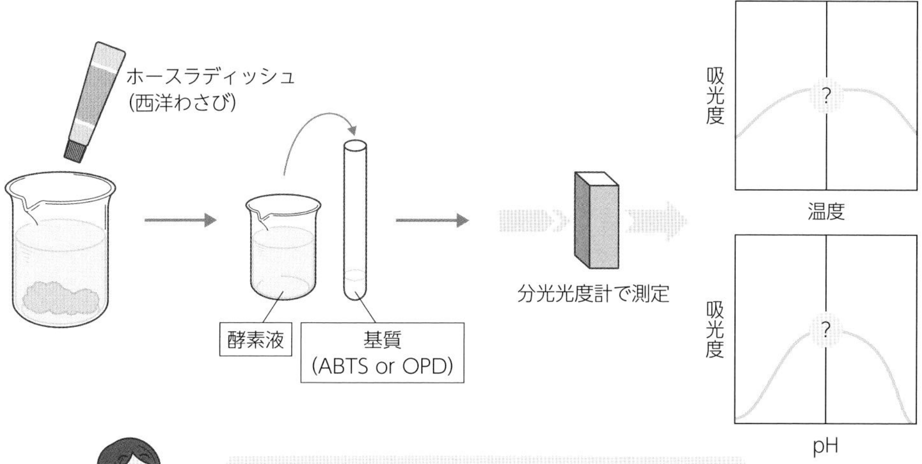

反応物の量は吸光度に比例することから，温度またはpH を変化させ，反応物吸光度を調べることで酵素活性の温度および pH 依存性を調べることができる

実験のフローチャート

酵素液の調整 → 基質の発色反応 → 反応温度と吸光度，反応液の pH と吸光度の関係のグラフ作成

反応温度，反応液の pH を変化させる

● 「生化学」p.64，図2参照

目的・原理

市販の加工わさび食品（ホースラディッシュ，西洋わさび）中に含まれるペルオキシダーゼ活性を比色法により検出し，反応温度や反応液のpHの影響を観察する．

1）ペルオキシダーゼの反応

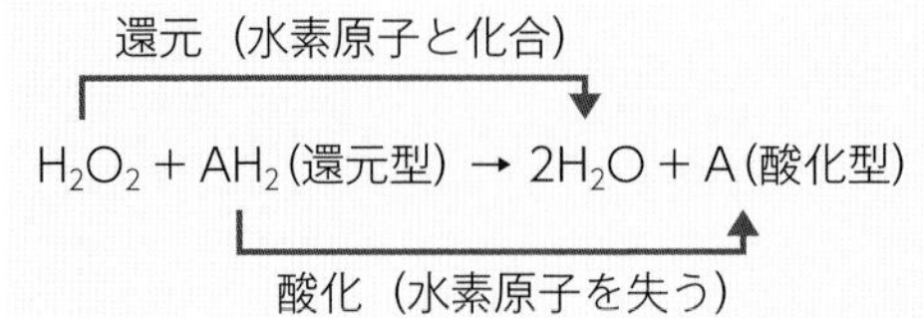

ペルオキシダーゼの反応により，過酸化水素（H_2O_2）は，還元型基質AH_2より2つの水素原子と化合し（**還元**），水（$2H_2O$）となる．同時にAH_2は2つの水素原子を失い（**酸化**），酸化型のAになる．前述の反応のように，水素原子の授受が同時に起こる化学反応のことを**酸化還元反応**という．ヒトの体内には，さまざまなペルオキシダーゼが発現しており，生体内分子の酸化還元のバランスを調節している．このバランスの崩壊は，疾患の発症や老化の主要な要因となる．植物のペルオキシダーゼの役割は，発芽，生長，木化，および酸化ストレス防御機構などが報告されている．また，**西洋わさびペルオキシダーゼ（HRP）**は，医薬学・生命科学分野や食品分野における抗原やアレルゲンの検出や定量に使用されている．また，食品開発においては，消臭効果をもつガム成分として実用化されている．

本実験では，**発色基質**を用いてHRPの測定を行う．発色基質（AH_2に相当）として，**2,2′-アジノビス（3-エチルベンゾチアゾリン-6-スルホン酸，ABTS）**と***o*-フェニレンジアミン（OPD）**を用いる．2つの発色

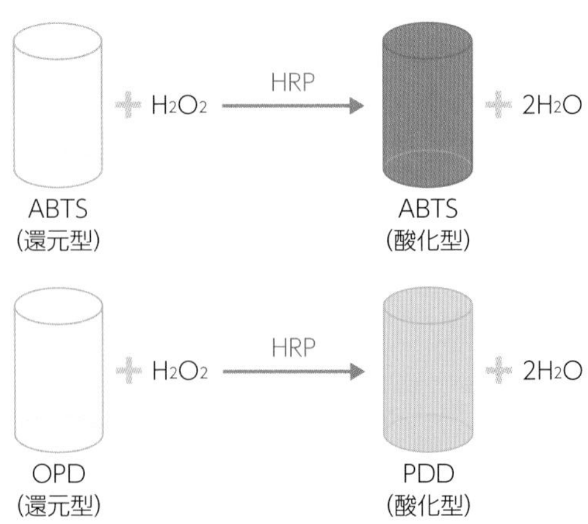

図3 発色基質を用いたHRP測定の原理
HRP：西洋わさびペルオキシダーゼ，ABTS：2,2′-アジノビス，OPD：*o*-フェニレンジアミン．

基質の還元型は，ともに無色透明である．一方，酸化型のABTSは青緑色（吸収極大415 nm），酸化型のOPDは酸性下では2,3-フェナジンジアミン（PDD）になり，オレンジ色（吸収極大492 nm）を呈する（図3）．ABTSは眼刺激性のため，防護メガネを使用して取り扱う．なお，酸性下では非酵素的に発色するので，pH依存性を調べる実験には不向きである．一方，OPDは医薬用外劇物のため，防護メガネおよび手袋の着用など，試薬の取り扱いに気を付ける必要がある．酵素反応のpH依存性は教員のデモンストレーション実験としてもよい．

試薬

表1 試薬の一覧

試薬名	1グループあたりの量	1グループあたりの事前準備	自由筆記欄
0.2 mol/L Na_2HPO_4溶液＊1	基質液調製用		
0.1 mol/Lクエン酸溶液＊2	基質液調製用		
1％ H_2O_2溶液＊3	基質液調製用		
0.5 mmol/L ABTS〔2,2′-アジノビス（3-エチルベンゾ-チアゾリン-6-スルホン酸）二アンモニウム塩〕基質液＊4	28 mL＋7 mL（予備）	予備も含めて，試薬35 mLを50 mL蓋つきプラスチックチューブに入れたものを用意する（蓋つきのアイスバス中に入れておく）	
5％ドデシル硫酸ナトリウム（SDS）溶液＊5	7 mL＋3 mL（予備）	予備も含めて，試薬10 mLを50 mL蓋つきプラスチックチューブに入れたものを用意する（室温）	
OPD（*o*-フェニレンジアミン）基質液＊6	20 mL		
1 mol/L（2 N）H_2SO_4＊7	20 mL		
チューブ西洋わさび＊8（ホースラディッシュ）			

＊1　0.2 mol/L Na_2HPO_4溶液：Na_2HPO_4（式量141.96）28.39 gを純水に溶解し，1 Lにメスアップする．
＊2　0.1 mol/Lクエン酸溶液：無水クエン酸（分子量192.12）19.21 gを純水に溶解し，1 Lにメスアップする．
＊3　1％H_2O_2水溶液（実験当日に調製する）：30％H_2O_2溶液10 mLを純水で希釈し，300 mLにメスアップする．
＊4　5％ドデシル硫酸ナトリウム（SDS）溶液：SDS 50.0 gを純水に溶解し，1 Lにメスアップする．
＊5　0.5 mmol/L ABTS〔2,2′-アジノビス（3-エチルベンゾ-チアゾリン-6-スルホン酸）二アンモニウム塩〕基質液（実験直前に調製する，グループ分＋α）：
　① 0.2 mol/L Na_2HPO_4溶液（66.24 mL），0.1 mol/Lクエン酸溶液（93.76 mL），ABTS（分子量548.7，87.79 mg）を溶解する．
　② ①の溶液に160 mLの1％H_2O_2溶液を混合する．
　③ 実験まで，氷中・暗所で保管する（各グループ35 mLずつ50 mLチューブに分注）．
＊6　OPD（*o*-フェニレンジアミン）基質液（実験当日に調製する）：
　① 純水（20 mL），OPD錠（13 mg/tablet，1錠：富士フイルム和光純薬，158-01671）を加え，暗所で5分間静置，その後試験管ミキサーで溶解する．
　② ①に30％H_2O_2を15 μL入れ，混合する．
　③ 実験まで，氷中・暗所で保管する．
＊7　1 mol/L（2 N）H_2SO_4：〈実験4-2〉＊4を参照
＊8　S＆B食品またはハウス食品など．

器具

- □ 試験管　15本
- □ 試験管立て（16 mL用）　1個
- □ ポリスチレン製分光光度計用セル（セミミクロ）　15個（14個＋予備1個）
- □ セルホルダー　1個
- □ マイクロピペット（100 μL，1,000 μL），およびピペットチップ
- □ アイスバス
- □ 温度計
- □ 温浴　室温（22～25℃），37℃，50℃（試験管を立てて入れることができるもの）
- □ タイマー（またはスマートフォンのタイマー機能）

1）OPD基質実験器具

- □ 試験管（緩衝液調製用）　9本
- □ 試験管（酵素反応用）　15本
- □ 試験管立て　1個
- □ ポリスチレン製分光光度計用セル（セミミクロ）　15個
- □ セルホルダー　1個
- □ マイクロピペット（100 μL，1,000 μL）
- □ アイスバス
- □ 温度計
- □ ウォーターバス　室温（22～25℃）

操作

A. 酵素液の調製❶（図4）

❶注意　酵素液は氷中に保存する．

❶ チューブ西洋わさび1.0 gを50 mLチューブに量りとる．

⬇

❷ 氷中で冷却した20 mLの純水を入れ，試験管ミキサーを用いて十分に混合する．

⬇

❸ 氷中で5分間静置する．

⬇

❹ 3本の試験管に，0，10，50と記入し，氷冷する．

⬇

❺ 氷冷した3本の試験管に，0.5 mmol/L ABTS基質液を2.0 mLずつ入れる．

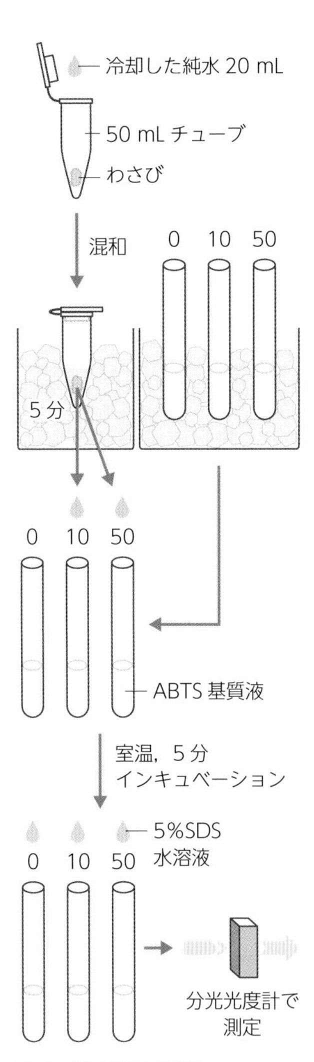

図4　酵素液の調製

⬇

❻ 10と書かれた試験管には10 μL，50と書かれた試験管には50 μLの❸の上清を入れ，軽く混合する．

⬇

❼ 室温（22～25℃）の水浴中で正確に5分間，インキュベーションする．

⬇

❽ 500 μLの5％SDS溶液を加えて軽く撹拌し，酵素反応を停止させる（停止後は室温に置く）．

⬇

❾ 反応液を分光光度計用セルに入れ，415 nmの吸光度を測定する．

⬇

❿ ❾の結果から，❸の上清をさらに氷冷した純水で希釈し，酵素液とする（希釈の目安：100 μL酵素添加で吸光度1.0程度，希釈酵素液を各グループ2.0 mLずつ試験管に分注，氷冷する）．

B. 酵素活性測定1（酵素量と酵素活性の関係）

❶ 6本の試験管を用意し，1～6の番号を記入し，氷冷する．

⬇

❷ 表2に従って，それぞれの試験管にABTS基質液と純水を入れる（黄色部分のみ）．次いで，酵素液（青色部分）を加え撹拌する（6本の試験管は氷冷）．

表2　反応組成表1

試験管番号	ABTS基質液	純水	酵素液
B	2,000（2.0 mL）	160	0
1	2,000（2.0 mL）	150	10
2	2,000（2.0 mL）	140	20
3	2,000（2.0 mL）	120	40
4	2,000（2.0 mL）	80	80
5	2,000（2.0 mL）	0	160

（単位：μL）

⬇

❸ 6本の試験管を室温（22～25℃）の水浴中に入れ，正確に5分間，インキュベーションする．温浴の温度を測定し，ノートに記録する．

⬇

❹ 500 μLの5％SDS溶液を加えて軽く撹拌し，酵素反応を停止させる（停止後は室温に置く）．

⬇

❺ 反応液を分光光度計用セルに入れ，415 nmの吸光度を測定する❷．

⬇

❻ 横軸に酵素液量（μL），縦軸に吸光度でグラフを作成し，吸光度≒1となるような酵素液量を求める❸．

❷**注意**　Bは，酵素活性測定2および3のブランクとして使用するので，実験の最後まで捨てないこと．

❸**注意**　ほぼ直線のグラフができる．酵素液量は，10 μLの単位で求めること．

第7章 酵素の性質

C. 酵素活性測定２（反応温度と酵素活性の関係①）

❶ 4本の試験管を用意し，0，25，37，50の番号をそれぞれ記入し，氷冷する．

⬇

❷ 氷冷した4本の試験管に，0.5 mmol/L ABTS基質液を2.0 mLずつ入れる．

⬇

❸ 前項B-❻で求めた量の酵素液を加え，軽く撹拌後，番号0の試験管は氷中のままで，25は室温の，37は37℃の50は50℃の温浴中に入れて，5分間正確にインキュベーションする（正確にできるよう，各グループで工夫すること）．

⬇

❹ 500 μLの5％SDS溶液を加えて軽く撹拌し，酵素反応を停止させる（停止後は室温に置く）❹．

❹注意　試験管番号0はSDSが析出することがある．反応停止後，手で1分程度あたためるとよい．

⬇

❺ 反応液を分光光度計用セルに入れ，415 nmの吸光度を測定する．ブランクは，前項Bの試験管番号Bの試験管サンプルを使用すること．

⬇

❻ 横軸に反応温度，縦軸に吸光度でグラフを作成する．

D. 酵素活性測定３（反応温度と酵素活性の関係②）

❶ 4本の試験管を用意し，0，25，37，50の番号をそれぞれ記入し，氷冷する．

⬇

❷ 氷冷した4本の試験管に，0.5 mmol/L ABTS基質液を2.0 mLずつ入れる．

⬇

❸ 番号0の試験管は氷中のままで，25は室温の，37は37℃の50は50℃の温浴中に入れて，5分間以上インキュベーションする（基質液をあらかじめ反応温度と同じ温度にする）．

⬇

❹ 前項B-❻で求めた量の酵素液を加え，軽く撹拌後，❸と同じ温度条件で5分間正確にインキュベーションする（正確にできるよう，各グループで工夫すること）．

⬇

❺ 500 μLの5％SDS溶液を加えて軽く撹拌し，酵素反応を停止させる（停止後は，室温に置く）．

⬇

❻ 反応液を分光光度計用セルに入れ，415 nmの吸光度を測定する．ブランクは，前項Bの試験管番号Bの試験管サンプルを使用すること．

⬇

❼ 前項CのグラフにDの実験結果を重ねる．

E. 酵素活性測定4（pHと酵素活性の関係）[5]

[5]注意　OPD基質液を使用する.

❶ 9本の試験管を用意し，表3に従って，pH3.0～7.8の緩衝液（マッキルベイン緩衝液）を調製する.

表3　マッキルベイン緩衝液の調製

pH	0.2 mol/L Na_2HPO_4	0.1 mol/L クエン酸
3.0	411	1,589
3.6	644	1,356
4.2	828	1,172
4.8	1,972	2,028
5.4	1,115	885
6.0	1,263	737
6.6	1,455	545
7.2	1,739	261
7.8	1,915	85

（単位：μL）

⬇

❷ 実験で使う酵素量（X μL）を決定する．表4に従って，氷冷した試験管5本にpH4.8のマッキルベイン緩衝液を0.5 mL，OPD基質液を0.5 mLずつ各試験管に入れる．次いで，酵素液を加え軽く撹拌後，常温（22～25℃）の水浴中で10分間正確にインキュベーションする．インキュベーション後，各試験管に1.0 mLの1 mol/L（2 N）H_2SO_4を加えて撹拌し，反応を停止する．反応液を分光光度計用セルに入れ，492 nmの吸光度を測定する．横軸に酵素液量（μL），縦軸に吸光度でグラフを作成し，吸光度が1.5～2.0付近になるような酵素液量（X μL）を求める.

表4　反応組成表2

試験管番号	OPD基質液	pH4.8マッキルベイン緩衝液	酵素液
B	500	500	0
1	500	500	5
2	500	500	10
3	500	500	20
4	500	500	30

（単位：μL）

⬇

❸ 10本の試験管を用意し，氷冷する．表5に従って，（それぞれのpHの）マッキルベイン緩衝液を0.5 mL，OPD基質液を0.5 mLずつ各試験管に入れる.

表5　反応組成表3

試験管番号	OPD基質液	マッキルベイン緩衝液	純水	酵素液
B	500	（pH3.0）500	X	0
3.0	500	（pH3.0）500	0	X
3.6	500	（pH3.6）500	0	X
4.2	500	（pH4.2）500	0	X
4.8	500	（pH4.8）500	0	X
5.4	500	（pH5.4）500	0	X
6.0	500	（pH6.0）500	0	X
6.6	500	（pH6.6）500	0	X
7.2	500	（pH7.2）500	0	X
7.8	500	（pH7.8）500	0	X

（単位：μL）

❹ ❷で求めたX μLの純水（B，ブランク）または酵素液を加え軽く撹拌後，常温（22～25℃）の水浴中で10分間正確にインキュベーションする．

❺ 各試験管に1.0 mLの1 mol/L（2 N）H_2SO_4を加えて撹拌し，反応を停止する．

❻ 反応液を分光光度計用セルに入れ，492 nmの吸光度を測定する．

❼（教員より実験結果を受けとり，）横軸にpH，縦軸に吸光度でグラフを作成する．

1）操作Bで，酵素の量と反応量はどのような関係にあったか？ また，このような関係が成り立つのは，酵素量と基質量にどのような関係のあるときか？

2）同じ量の酵素を使用しても，反応温度やpHによって酵素活性（吸光度）が異なるのはなぜか？

3）操作CとDの結果の違いを考察しなさい．

実験 7-2

ウレアーゼの反応速度に及ぼす酵素および基質濃度の効果

概要図

目的

基質の濃度を変えて，一定量のウレアーゼ反応に要する時間を調べ，ミカエリス定数（*K*m）を算出する

方法

ウレアーゼ反応で生じるアンモニア（NH_3）による反応液のpH上昇をpH指示薬であるメチルレッドで検出し，一定量のウレアーゼ反応に要する時間を測定する

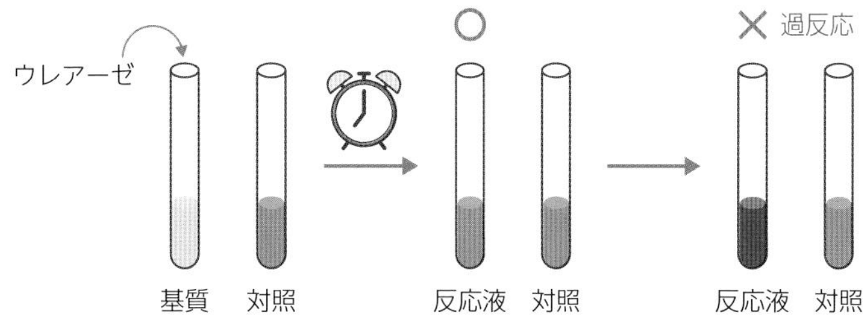

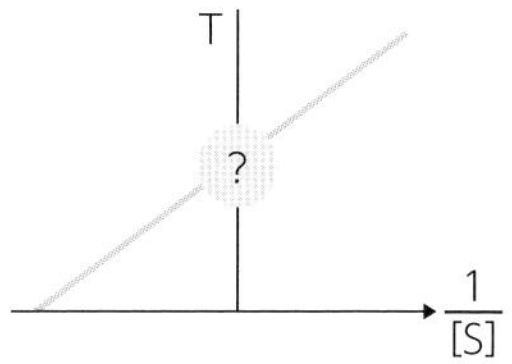

基質の濃度の逆数と反応時間が直線関係になる．傾きを切片で除することにより *K*m が算出される

実験のフローチャート

異なる濃度の基質液の調整 → 酵素反応，対照用緩衝液と同じ色になるまでの時間の測定 → ラインウィーバー・バークの二重逆数プロットの作成と *K*m の算出

第7章 酵素の性質

●「生化学」p.65参照

目的・原理

ナタマメウレアーゼを用いて，酵素反応に及ぼす酵素および基質濃度の効果を調べ，酵素の反応速度論の基本を理解する．また，酵素を加熱処理し，その活性がどうなるか調べる．

1）ウレアーゼの反応

$$CO(NH_2)_2 + H_2O \rightarrow 2NH_3 + CO_2$$

尿素　水　アンモニア　二酸化炭素

ウレアーゼの反応により，アンモニアと二酸化炭素を生成する．アンモニアは水に非常によく溶け，アルカリ性を呈する．

$$NH_3 + H_2O \rightleftarrows NH_4^+ + OH^-$$

酵素反応溶液中にpH指示薬であるフェノールレッドを加え，pH6.7からpH7.7への色調の変化（図5）に要する時間を測定することで一定量の生成物がつくられるのに要する時間（≒反応速度）を調べることが可能になる．

0　1　2　3　4　5　6　7　8　9　10　11　12　13　14

図5　フェノールレッドのpHによる色調変化

試薬

表6　試薬の一覧

試薬名	1グループあたりの量	1グループあたりの事前準備	自由筆記欄
0.1 mol/Lリン酸緩衝液（pH6.7）*1	基質液等調製用		
0.1 mol/Lリン酸緩衝液（pH7.7）*2	対照用緩衝液調製用		
0.1 mol/Lジチオスレイトール（DTT）溶液*3	基質液等調製用		
0.5 mg/mLフェノールレッド溶液*4	基質液等調製用		
酵素調製用（E）緩衝液*5	5 mL + 2 mL（予備）	試薬7 mLを50 mL蓋つきプラスチックチューブに入れたものを用意する（氷浴中）	
酵素溶液（原液）*6	3 mL	試薬3 mLをガラス試験管に入れたものを用意する（氷浴中）	
酵素反応用（R）緩衝液*7	3 mL + 2 mL（予備）	試薬5 mLを50 mL蓋つきプラスチックチューブに入れたものを用意する（室温）	
基質（S）液*8	7.5 mL + 2.5 mL（予備）	試薬10 mLを50 mL蓋つきプラスチックチューブに入れたものを用意する（室温）	
対照用緩衝液*9	1 mL × 2本	試薬1 mLをガラス試験管に入れたものを2本用意する（室温）	

＊1　0.1 mol/Lリン酸緩衝液（pH6.7）：①KH_2PO_4（式量136.09）2.72 gを純水に溶解し，150 mLにする．②1.0 mol/L NaOH溶液を加え，pH6.7に合わせる．③200 mLにメスアップする．

＊2　0.1 mol/Lリン酸緩衝液（pH7.7）：①KH_2PO_4（式量136.09）1.36 gを純水に溶解し，75 mLにする．②1.0 mol/L NaOH溶液を加え，pH7.7に合わせる．③100 mLにメスアップする．
＊3　0.1 mol/Lジチオスレイトール（DTT）溶液：①DTT（分子量154.03）15.43 mgを純水に溶解し，1.0 mLにする．②200 μLに小分けして，－20℃で保存する．
＊4　0.5 mg/mLフェノールレッド溶液：フェノールレッド（pKa 8.0）10.0 mgを純水に溶解し，20 mLにする．
＊5　酵素調製用（E）緩衝液（100 mL）：0.1 mol/Lリン酸緩衝液（pH6.7）（5 mL），0.1 mol/L DTT（20 μL），純水（95 mL）を混合する．
＊6　酵素溶液（原液）（20 U/mL）：ウレアーゼ（ナタ豆由来，富士フイルム和光純薬：216-00783）2,000 Uを50 mLの酵素調製用緩衝液で溶解する．溶解後，50 mLのグリセロールを加えて均一に混合する．－20℃で保存する（～1年くらい保存可能）．
＊7　酵素反応用（R）緩衝液（200 mL）：0.1 mol/Lリン酸緩衝液（pH6.7）（10 mL），0.5 mg/mLフェノールレッド（2 mL），純水（188 mL）を混合する．
＊8　基質液（0.25 mol/L尿素）（100 mL）：酵素反応用緩衝液（100 mL），尿素（分子量60.1）（1.50 g）を溶解する．
＊9　対照用（C）緩衝液（20 mL）：0.1 mol/Lリン酸緩衝液（pH7.7）（15 mL），0.5 mg/mL フェノールレッド（150 μL），酵素調製用緩衝液（5 mL）を混合する．

器具

- □ ガラス試験管　18本（予備2本を含む）
- □ 試験管立て　1個
- □ 50 mLプラスチックチューブ用試験管立て〔基質液，酵素反応用（R）緩衝液チューブ用〕
- □ 1.5 mLチューブ　3本
- □ チューブ立て　1個
- □ マイクロピペット（1,000 μL，100 μL）およびピペットチップ
- □ アイスバス
- □ ドライインキュベーター（95℃）
- □ 油性マーカー
- □ ストップウォッチ（またはスマートフォンのストップウォッチ機能を使用）

操作

A. 酵素希釈液の調製[6]

❶ 試験管を3本用意し（1/2，1/4，1/8と油性マーカーで書く），500 μLずつ酵素調製用（E）緩衝液を入れる．

⬇

❷ 酵素溶液原液を500 μL取り，1/2と書かれた試験管に入れ，ピペッティング[※2]を5回行い撹拌する（1/2酵素希釈液）．

⬇

❸ 同じピペットチップをつけたまま，1/2試験管より溶液を500 μL取り，1/4と書かれた試験管に入れ，ピペッティングを5回行い撹拌する（1/4酵素希釈液）．

❻注意　希釈した酵素液は氷中に保存すること．

※2　**ピペッティング**
ピペットチップを反応液に入れた状態で液体試料を加え，第1ストップと初期位置でピストンを動かして，反応液と試料を混合する方法．

ピペッティング

第7章　酵素の性質

❹ 同じピペットチップをつけたまま，1/4試験管より溶液を500 μL取り，1/8と書かれた試験管に入れ，ピペッティングを5回行い撹拌する（1/8酵素希釈液）.

B. 酵素活性測定1（酵素希釈割合の決定）

❶ 1 mL（1,000 μL）の対照用緩衝液の入った2本の試験管を1つ間をおいて試験管立てに並べる（対照は実験の最後まで使用する，図6）.

ウレアーゼ酵素反応

a）酵素加えた直後

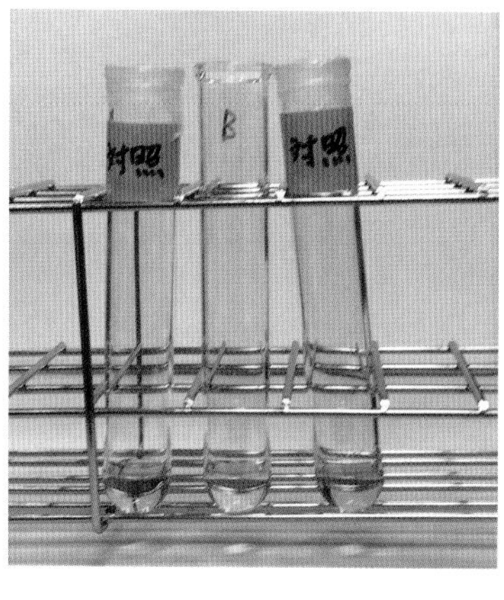

b）< pH7.7（反応量少）

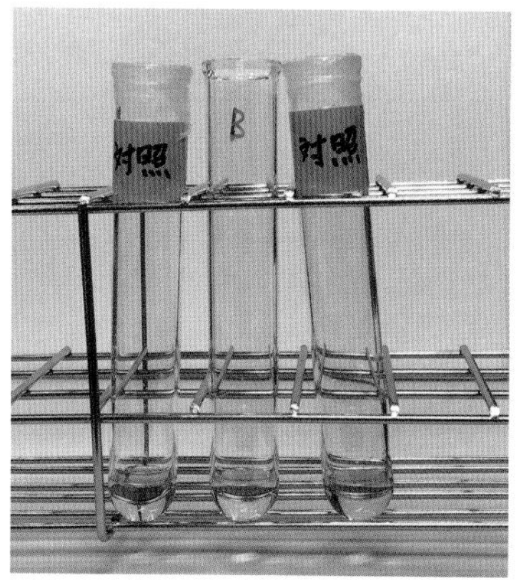

c）pH7.7（酵素を加えてからこの色になるまでの時間を測定）

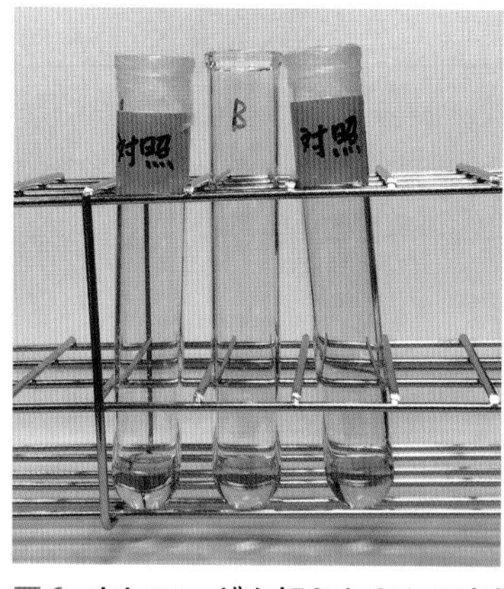

d）> pH7.7（反応量過多）

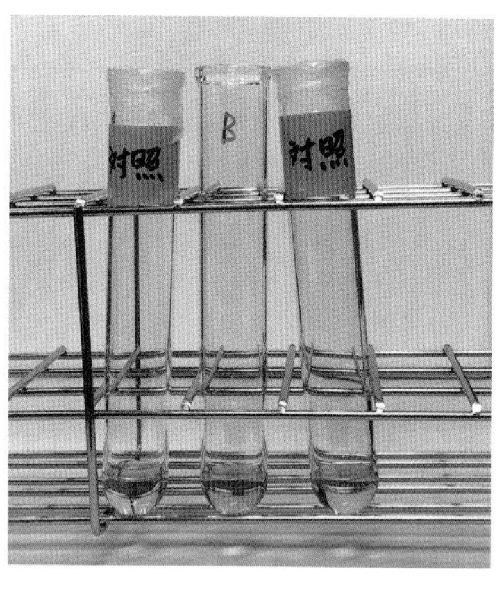

図6 **ウレアーゼを加えたあとの変化**

❷ 4本の試験管にA, B, C, Dと記入し，基質液をそれぞれ750 μLずつ入れる.

❸ 試験管Aに酵素液原液を250 μL入れ撹拌し，対照用試験管の間に立てる．酵素液を加えた瞬間にストップウォッチをスタートさせる．酵素液を加えてから試験管内の溶液の色調が対照の色調と一致する（図6c）までの時間を測定する（0.1秒の単位まで）❼.

❼注意　白い紙を背景にして注意深く観察する．慣れるまでは，ラップ機能を使用し，一番色が近いと思われる時間を検討してもよい.

⬇

❹ 試験管Bに1/2酵素希釈液を250 μL入れ撹拌する．酵素液を加えてから試験管内の溶液の色調が対照の色調と一致するまでの時間を測定する（0.1秒の単位まで）．

⬇

❺ 試験管Cに1/4酵素希釈液を250 μL入れ撹拌する．酵素液を加えてから試験管内の溶液の色調が対照の色調と一致するまでの時間を測定する（0.1秒の単位まで）．

⬇

❻ 試験管Dに1/8酵素希釈液を250 μL入れ撹拌する．酵素液を加えてから試験管内の溶液の色調が対照の色調と一致するまでの時間を測定する（0.1秒の単位まで）．

C. 酵素活性測定2（酵素反応の基質濃度依存性）

❶ 前項Bの実験結果から，2～4分の反応となる酵素希釈液濃度を選択する．

⬇

❷ 酵素希釈液を3 mL調製する〔1/8希釈液の場合，酵素原液0.750 mL（750 μL）＋ 酵素調製用緩衝液2.25 mL（2,250 μL）を混合する，ピペッティングでしっかりと混合すること〕．

⬇

❸ 6本の試験管を用意し，1～6の番号を記入し，表7に従って，それぞれの試験管に酵素反応用（R）緩衝液と基質（S）液を入れる（黄色部分のみ）．次いで，希釈した酵素を加え撹拌し，酵素液（青色部分）を加えてから試験管内の溶液の色調が対照の色調と一致するまでの時間を測定する（0.1秒の単位まで）．

表7 反応組成表4

試験管番号	酵素反応用（R）緩衝液	基質（S）液	（希釈した）酵素液	尿素の濃度（mmol/L）
1	725	25	250	6.25
2	700	50	250	12.5
3	650	100	250	25
4	500	250	250	62.5
5	250	500	250	125
6	0	750	250	187.5

（単位：μL）

D. 酵素活性測定3（酵素熱処理の効果）

❶ 1.5 mLチューブ2本を用意し，それぞれに7，8，9と番号を振る．

⬇

❷ 2本の1.5 mLチューブに，前項C-❷で調製した希釈酵素を300 μLずつ入れる．

⬇

❸ 95℃のドライインキュベーターに入れる．試験管番号7は3分後，8は5分後，9は15分後に氷中に戻す（5分以上，氷中で冷やすこと）．

⬇

❹ 3本の試験管を用意し，7～9の番号を記入し，表8に従って，基質液750 μLを入れる．次いで，加熱した酵素を加え撹拌し，酵素液を加えてから試験管内の溶液の色調が対照の色調と一致するまでの時間を測定する（0.1秒の単位まで）．15分以上たっても色の変わらない場合，反応しないとみなす．

表8　反応組成表5

試験管番号	基質液（S）	酵素液（7）	酵素液（8）	酵素液（9）
7	750	250	0	0
8	750	0	250	0
9	750	0	0	250

（単位：μL）

実験データと整理

- 実験結果を表9～11にまとめる．反応に要した時間を分（min，小数第2位まで）に換算する．尿素の濃度は表7に記されている．
- 方眼紙を用いて
  ① [S]（mmol）　対　1/T（min^{-1}）（基質濃度－活性曲線）
  ② 1/[S]（L/mmol）　対　T（min）（ラインウィーバー・バークの二重逆数プロット）
  を書いてみる（この実験では，1/*v*をTに置き換える）．
- Excelでラインウィーバー・バークの二重逆数プロットを散布図で作成し，直線回帰分析により切片と傾きを求める．SLOPE（傾き），INTERCEPT（切片）関数を用いてもよい．図2の関係からウレアーゼのミカエリス定数（*Km*）を算出する．文献的には，ナタマメウレアーゼの*Km*値は，2～10 mmol/L程度である[1)～3)]．

表のDLはこちら

表9　酵素活性測定1

試験管番号	酵素液	時間，T（min：sec）	時間，T（min）	備考
A	原液（1倍）			
B	1/2希釈液			
C	1/4希釈液			
D	1/8希釈液			

表10　**酵素活性測定2**

試験管番号	時間，T (min：sec)	時間，T (min)	[S] 尿素の濃度 (mmol/L)	1/T (min^{-1})	1/[S] (L/mmol)
1					
2					
3					
4					
5					
6					

表11　**酵素活性測定3**

試験管番号	時間，T (min：sec)	時間，T (min)
6（未加熱，対照）		
7（3分加熱）		
8（5分加熱）		
9（15分加熱）		

1）表11（酵素の加熱の影響）の結果の理由を考察する．

ウレアーゼの反応速度に及ぼす阻害剤の効果

概要図

ホウ酸を阻害剤とし，尿素（基質）とホウ酸（阻害剤）の濃度を変えて，一定のウレアーゼ反応に要する時間を調べ，ラインウィーバー・バークの二重逆数プロットから阻害様式を判定する

〈実験 7-2〉に同じ

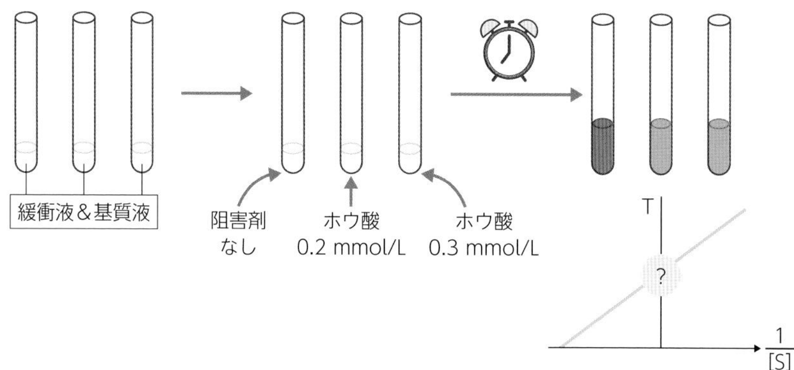

阻害剤なし，0.2 mmol/L，0.3 mmol/L ホウ酸存在下それぞれでラインウィーバー・バークの二重逆数プロットを作成し，3 つのプロットを重ねて，ホウ酸の阻害様式を判定する

実験のフローチャート

異なる濃度の反応基質液 ± 阻害剤（ホウ酸）の調整 → 酵素反応，対照用緩衝液と同じ色になるまでの時間の測定 → 阻害剤の濃度毎にラインウィーバー・バークの二重逆数プロットを作成し，グラフを重ねる → ホウ酸によるウレアーゼ反応の阻害様式の判定

目的

●「生化学」p.67参照

酵素阻害剤としてホウ酸を用い，尿素（基質）とホウ酸（阻害剤）の濃度を変えてウレアーゼの酵素活性を調べる（図7）．ラインウィーバー・バークの二重逆数プロットを作成し，ホウ酸によるウレアーゼの阻害様式を判定する．

a）競争（拮抗）阻害

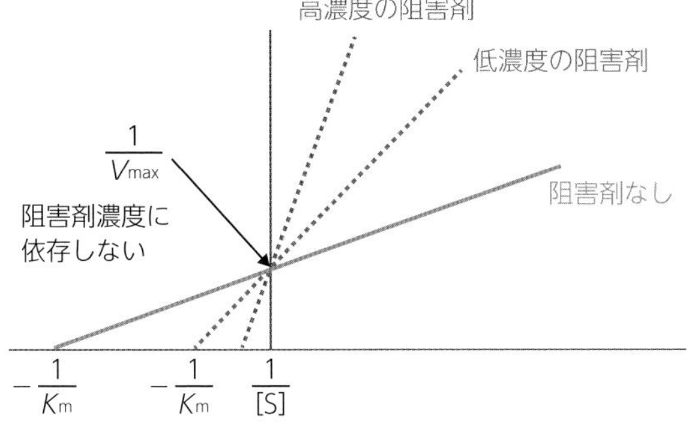

b）非競争（非拮抗）阻害

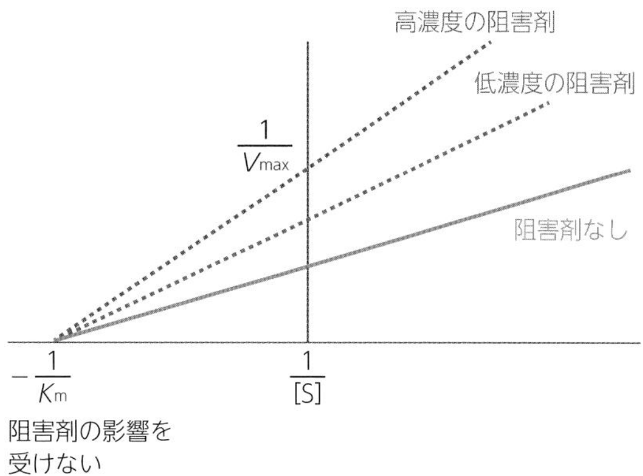

c）反競争（反拮抗・不拮抗）阻害

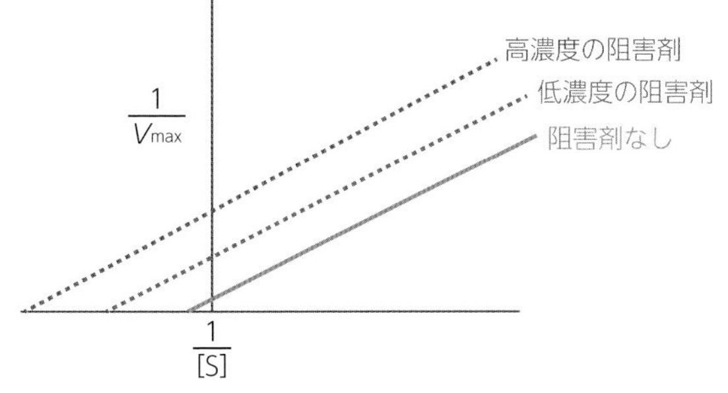

図7　酵素阻害剤の阻害モデルとラインウィーバー・バークの二重逆数プロット

a）競争阻害は，基質と化学構造が類似した阻害物質が酵素の活性部位に結合し，基質が酵素と結合するのを妨げることで，酵素反応阻害が生じる．反応液中の基質の濃度を高めれば，阻害の程度が弱まるので，*V*max は阻害剤濃度に依存しない．

b）非競争阻害は，活性部位とは別の部位に阻害剤が結合することで酵素の活性が失われた結果，反応阻害が生じる．阻害の程度は阻害剤のみに依存するので，*K*m は阻害剤の影響を受けない．

c）反競争阻害は，酵素−基質複合体に阻害剤が結合することで，酵素活性を失わせる．活性型の酵素−基質複合体の減少は，*V*max と *K*m の両方を同じ速さで低下させるため，*V*max/*K*m は変化しない．したがって，阻害剤の有無でラインウィーバー・バークの二重逆数プロットの傾きは変わらない．

試薬

表12 試薬の一覧

試薬名	1グループあたりの量	1グループあたりの事前準備	自由筆記欄
希釈した酵素溶液*1	3.75 mL + 1.25 mL（予備）	試薬5 mLをガラス試験管に入れたものを用意する（氷浴中）	
酵素反応用（R）緩衝液*2	8.5 mL + 1.5 mL（予備）	試薬10 mLを50 mL蓋つきプラスチックチューブに入れたものを用意する（室温）	
基質液*2	3 mL + 1 mL（予備）	試薬4 mLを50 mL蓋つきプラスチックチューブに入れたものを用意する（室温）	
0.5 mol/Lホウ酸溶液*3			
10 mmol/Lホウ酸溶液*4	250 μL + 150 μL（予備）	試薬400 μLを1.5 mLチューブに入れる（室温）	
対照用（C）緩衝液*2	1 mL×2本	試薬1 mLをガラス試験管に入れたものを2本用意する（室温）	

＊1 〈実験7-2〉の結果をもとに，酵素原液を酵素調製用緩衝液で希釈したものを用意する.
＊2 〈実験7-2〉の「試薬」を参照.
＊3 ホウ酸（分子量61.83）0.6183 gを20 mLの酵素反応用緩衝液に溶解する.
＊4 0.2 mLの0.5 mol/Lホウ酸溶液を9.8 mLの酵素反応用緩衝液で希釈する.

器具

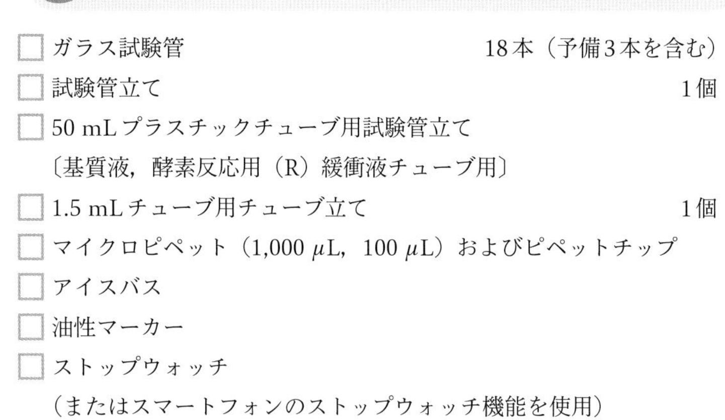

- □ ガラス試験管　18本（予備3本を含む）
- □ 試験管立て　1個
- □ 50 mLプラスチックチューブ用試験管立て
〔基質液，酵素反応用（R）緩衝液チューブ用〕
- □ 1.5 mLチューブ用チューブ立て　1個
- □ マイクロピペット（1,000 μL，100 μL）およびピペットチップ
- □ アイスバス
- □ 油性マーカー
- □ ストップウォッチ
（またはスマートフォンのストップウォッチ機能を使用）

操作

A. 酵素活性測定4

❶ 15本の試験管を用意し，01～05，21～25，31～35の番号を記入し，表13に従って，それぞれの試験管に酵素反応用緩衝液と基質液を入れる（黄色部分のみ）．次に，試験管21～25には20 μLの，試験管31～35には30 μLの10 mmol/Lホウ酸溶液（茶色部分）を加える.

表13　**反応組成表6**

試験管番号	酵素反応用緩衝液	基質液	10 mmol/L ホウ酸溶液	（希釈した）酵素液	尿素（mmol/L）	ホウ酸（mmol/L）
01	725	25	0	250	6.25	0
02	700	50	0	250	12.5	0
03	650	100	0	250	25	0
04	500	250	0	250	62.5	0
05	250	500	0	250	125	0
21	705	25	20	250	6.25	0.2
22	680	50	20	250	12.5	0.2
23	630	100	20	250	25	0.2
24	480	250	20	250	62.5	0.2
25	230	500	20	250	125	0.2
31	695	25	30	250	6.25	0.3
32	670	50	30	250	12.5	0.3
33	620	100	30	250	25	0.3
34	470	250	30	250	62.5	0.3
35	220	500	30	250	125	0.3

（単位：μL）

❷ 希釈した酵素250 μL（青色部分）を加え撹拌し，酵素反応を開始する．酵素液を加えてから試験管内の溶液の色調が対照の色調と一致するまでの時間を測定する（0.1秒の単位まで）[8]．

❽注意　同じ基質濃度において，ホウ酸入りの試験管サンプルの反応時間はホウ酸なしのものと比べて時間を要することに注意．15本の反応に90分位の時間を要する．酵素反応を行いながら，ラインウィーバー・バークの二重逆数プロットを作成する．予習の段階でグラフ用紙に軸を書き入れておくこと．

実験データと整理

実験結果を表14にまとめる．

- 方眼紙を用いて，阻害剤の濃度ごとに
  ① [S]（mmol）　対　1/T（min^{-1}）（基質濃度－活性曲線）
  ② 1/[S]（L/mmol）　対　T（min）（ラインウィーバー・バークの二重逆数プロット）を書いてみる（この実験では，1/vをTに置き換える）．
  ③ ①および②のグラフからホウ酸によるウレアーゼの阻害形式を推測する．
- Excelを用いて，阻害剤の濃度ごとにラインウィーバー・バークの二重逆数プロットを散布図で作成する．直線回帰分析により3本の直線の切片と傾きを求める．

第7章　酵素の性質

表のDLはこちら

表14　**酵素活性測定4**

試験管番号	T (min：sec)	T (min)	[S] 尿素 (mmol/L)	[I] ホウ酸 (mmol/L)	1/T (min^{-1})	1/[S] (L/mmol)
01			6.25	0		
02			12.5	0		
03			25	0		
04			62.5	0		
05			125	0		
21			6.25	0.2		
22			12.5	0.2		
23			25	0.2		
24			62.5	0.2		
25			125	0.2		
31			6.25	0.3		
32			12.5	0.3		
33			25	0.3		
34			62.5	0.3		
35			125	0.3		

1）競争阻害，非競争阻害，反競争阻害の違いについてまとめる．
2）ウレアーゼに対するホウ酸の阻害定数（*Ki*）を実験結果から求める．

文　献

1）Follmer C, et al：Jackbean, soybean and Bacillus pasteurii ureases: biological effects unrelated to ureolytic activity. Eur J Biochem, 271：1357-1363, 2004

2）Krajewska B, et al：Temperature- and pressure-dependent stopped-flow kinetic studies of jack bean urease. Implications for the catalytic mechanism. J Biol Inorg Chem, 17：1123-1134, 2012

3）Fishbein WN, et al：UREASE CATALYSIS. I. STOICHIOMETRY, SPECIFICITY, AND KINETICS OF A SECOND SUBSTRATE: HYDROXYUREA. J Biol Chem, 240：2402-2406, 1965

4）「ミカエリス・メンテンの式」（DOI：10.14931/bsd.2353）https://bsd.neuroinf.jp/wiki/ミカエリス・メンテンの式

8章 酵素分析法による生体成分の分析

Point

1. 酵素の基質特異性を利用することにより，成分の分離・精製操作を行わずとも試料中に含まれる目的の生体成分を定量することができることを理解する
2. 酵素反応の最終反応産物として有色の化合物を選択することで，酵素反応と比色定量法を組合せて，未精製試料中に含まれる目的の生体成分を定量できることを理解する
3. 比色定量法を組合わせた酵素分析法では，目的の生体成分濃度が既知の標準物質を用いて濃度－吸光度の検量線を作成した後，試料反応物の吸光度を検量線に当てはめることで，試料中の目的生体成分濃度が求められることを理解する
4. 臨床検査で実施されている血液生化学値の多くは，酵素反応を利用して迅速に定量されていることを理解する

1 酵素分析法とは

酵素は，多数の生体成分のなかで，目的の化合物のみを選択的に化学変化させる生体触媒である．この酵素の性質（**基質特異性**，第7章参照）を利用すれば，成分の分離・精製操作を行わずに目的物のみを簡単に，かつ定量的に分離することができる．これを**酵素分析法**という．20世紀初頭には，ウレアーゼを用いて，尿中や血しょう中の尿素量の測定法が開発された[1)2)]．そして，酵素分析法は，20世紀後半より医学・獣医学・薬学にかかわる臨床検査の分野で，また1980年代より食品や化粧品の分析の分野で広く用いられるようになった．

酵素分析法には，化学変化で生じた物質の光の吸収特性を利用した**比色法**，化学変化で生じた蛍光物質を検出する**蛍光法**，酵素を電極に固定化して電位変化を検出する**酵素電極法**がある．血液生化学値を調べる臨床検査の分野では，比色法や蛍光法が多く用いられている．例えば，血しょう中のグルコース濃度は，グルコースオキシダーゼ（GOD）とペルオキシダーゼ（POD）反応を組合わせた**GOD-POD法**や，ヘキソキナーゼ（HK）とグルコース-6-リン酸デヒドロゲナーゼ（G-6-PDH）を組合わせた**HK/G-6-PDH法**などがある．一方で，近年開発された糖尿病患者用の**フラッシュグルコースモニタリングシステム**は，グルコースを特異的に検出する酵素電極を体内に差し込むことで，体液中（血液中）のグルコース濃度を

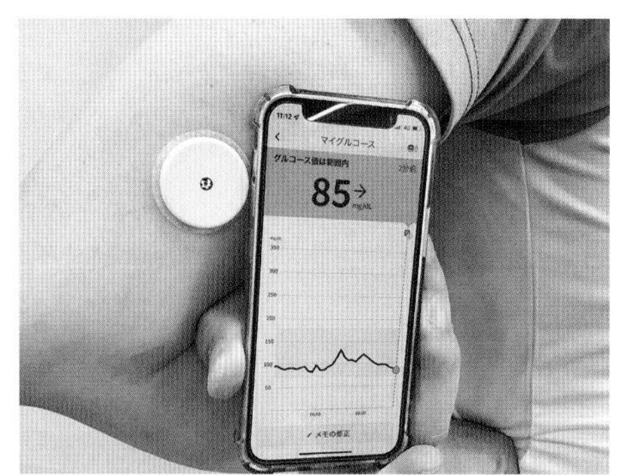

図1　酵素電極を使ったフラッシュグルコースモニタリングシステム
上腕部にセンサー（白い丸い形のもの）を装着し，左側の検出器で血液グルコース濃度を検出する．

24時間検出が可能にしている（図1）．

本章では，血しょうの代わりに清涼飲料水を使用し，酵素分析法のGOD-POD法を用いれば未精製試料中のグルコース濃度を求められることを学ぶ．

実験8-1 GOD-POD法とインベルターゼを利用した，清涼飲料水に含まれる糖の定量

概要図

目的

生体試料の代わりに清涼飲料水のグルコース濃度を調べる．また，インベルターゼ処理した清涼飲料水中のグルコース濃度から，飲料中のグルコース（ブドウ糖），フルクトース（果糖），スクロース（ショ糖）濃度を求める

方法

検出試薬とグルコースの反応による発色反応を比色定量を組合わせ，未精製試料中のグルコース濃度を測定する

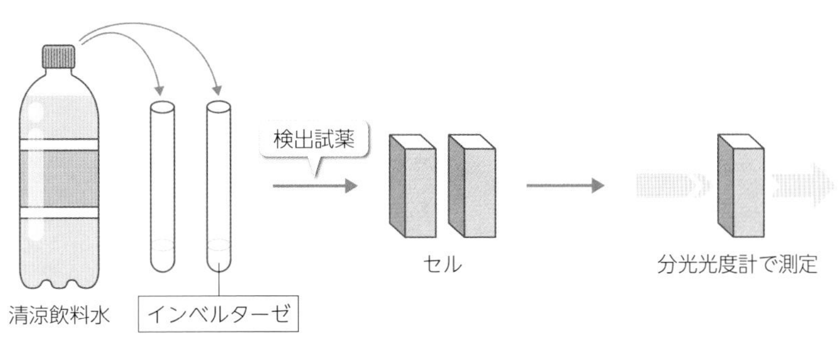

酵素反応による発色と吸光度測定を組合わせて，体液や清涼飲料水試料中のグルコース濃度を測定できる

実験のフローチャート

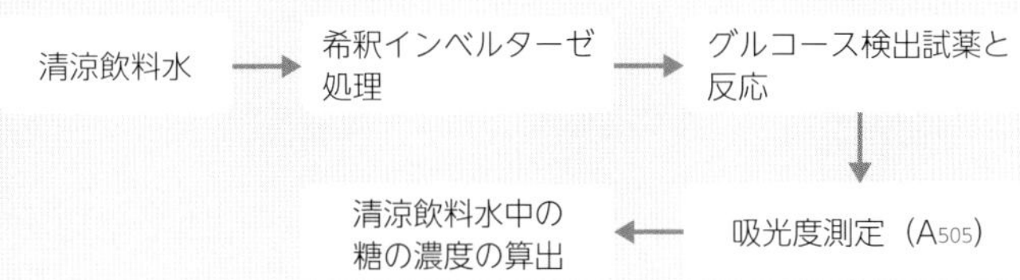

目的・原理

●「生化学」p.28〜32参照

GOD-POD法を利用したグルコースの比色定量を理解し，生体試料の代わりとして清涼飲料水のグルコース濃度を調べる●．また，スクロースをグルコースとフルクトースに分解する**インベルターゼ**で清涼飲料水を処理した後，グルコースの定量を行い，未処理のものと比較する．さらに，商品ラベルに表示されている糖類をグルコース，フルクトース，スクロースの3種類と仮定し，清涼飲料水に含まれている3種類の糖の濃度を決定する．

1）GOD-POD法の原理

GOD-POD法は以下の3つのステップからなる（図2）．

① β-D-グルコースへの変換（ムタロターゼ）
② β-D-グルコースの酸化（GOD）
③ GODの反応で生成した過酸化水素（H_2O_2）と発色試薬（4-アミノアンチピリン，フェノール）を基質とした赤色キノン色素の生成（POD）

2）インベルターゼの反応

インベルターゼは，スクロースを加水分解し，グルコースとフルクトースを生成する酵素である（図3）．スクラーゼともいう．

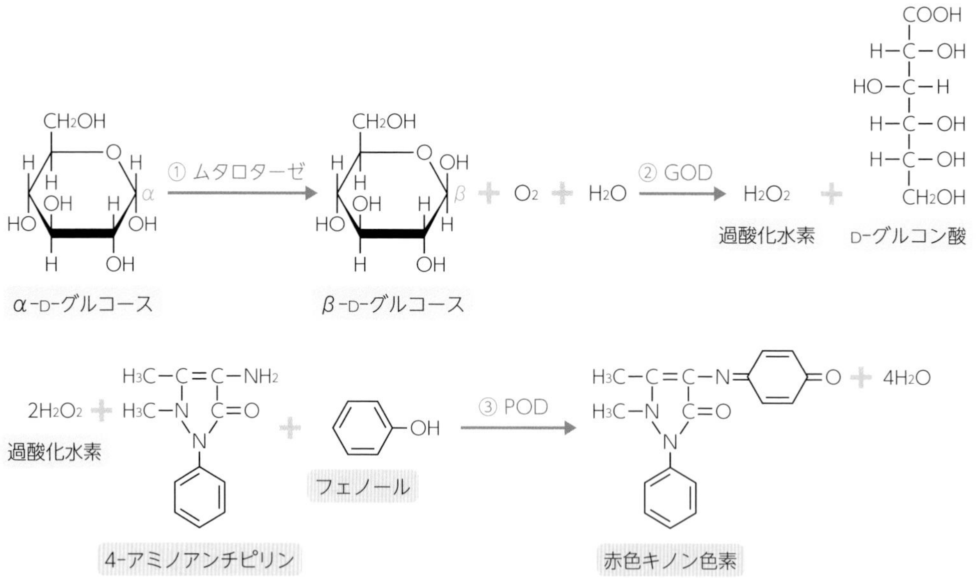

図2 **GOD-POD法によるグルコース検出にかかる化学反応**
GOD：グルコースオキシダーゼ，POD：ペルオキシダーゼ．

図3 **インベルターゼの反応**

試薬

表1 試薬の一覧

試薬名	1グループあたりの量	1グループあたりの事前準備	自由筆記欄
グルコースCⅡ-テストワコー*1	30 mL + 10 mL（予備）	予備も含めて，試薬約40 mLを50 mL蓋つきプラスチックチューブに入れたものを用意する（使用直前まで冷蔵庫で保管しておく）	
200 mg/dLグルコース標準液*2	50 μL	試薬50 μLを1.5 mLチューブに入れたものを用意する	
500 mg/dLグルコース標準液*2	50 μL	試薬50 μLを1.5 mLチューブに入れたものを用意する	
インベルターゼ*3	120 μL + 80 μL（予備）	試薬200 μLを1.5 mLチューブに入れたものを用意する（使用直前まで冷蔵庫で保管しておく）	
500 mmol/Lクエン酸緩衝液（pH4.6）*4	60 μL + 90 μL（予備）	試薬150 μLを1.5 mLチューブに入れたものを用意する	
ペプシコーラ*5	40 μL + 60 μL（予備）	前日に蓋を緩めて炭酸を除いておく．試薬100 μLを1.5 mLチューブに入れたものを用意する	
カルピスウォーター*5	40 μL + 60 μL（予備）	試薬100 μLを1.5 mLチューブに入れたものを用意する	
午後の紅茶ミルクティー*5	40 μL + 60 μL（予備）	試薬100 μLを1.5 mLチューブに入れたものを用意する	

*1 富士フイルム和光純薬社製．図2の反応が起こるよう，グルコース以外の試薬・酵素が混合されている．試薬調製後，2週間以内に使い切ること．
*2 検量線作成用標準液．グルコースCⅡ-テストワコーに付属の標準液を使用する．
*3 酵母由来．富士フイルム和光純薬社製．
*4 1.00 mol/Lクエン酸-水和物（210.1 g/L）5.10 mLと1.00 mol/Lクエン酸三ナトリウム二水和物（294.1 g/L）4.90 mLを混合する．これに純水を加えて20.0 mLにメスアップする．
*5 製品のラベルより，飲料に含まれる糖質の濃度を確認しておく（変わることもある）．
① サントリーのペプシコーラ（糖質 11.6 g/100 mL）
② アサヒ飲料のカルピスウォーター（糖質 11.0 g/100 mL）
③ キリンの午後の紅茶ミルクティー（糖質 7.8 g/100 mL）
他の飲料を用いてもよい．その場合，食品成分表示で含まれる糖質の種類を確認するとよい．なお，ビタミンCを多く含む飲料は適さない（ペルオキシダーゼによる酸化反応を抑えるため）．

器具・機器

- □ 100 mLガラスビーカー（純水採取用） 1個
- □ 1.5 mL蓋つきプラスチックチューブ 8本（6本＋予備2本）
- □ プラスチックチューブ用スタンド 1個
- □ 試験管 8本（7本＋予備1本）
- □ 試験管立て（50 mL用，16 mL用） 各1本
- □ ポリスチレン製分光光度計用セミミクロセル 8個（7個＋予備1個）
- □ セルスタンド
- □ マイクロピペット（1,000 μL，100 μL）およびピペットチップ
- □ 60℃のドライインキュベーター（1.5 mLチューブを加熱できるもの）
- □ 37℃の温浴（試験管を立てて入れることのできるもの）
- □ 試験管ミキサー
- □ タイマー（またはスマートフォンのタイマー機能を用いる）
- □ 可視分光光度計

操作

A. 検量線の作成（図4）

表2　**グルコース検量線**

試験管番号	0	200	500
グルコース濃度（mg/dL）	0	200	500
純水（μL）	20	0	0
200 mg/dL グルコース標準液（μL）	0	20	0
500 mg/dL グルコース標準液（μL）	0	0	20
グルコースCⅡ-テストワコー（mL）	3.0	3.0	3.0

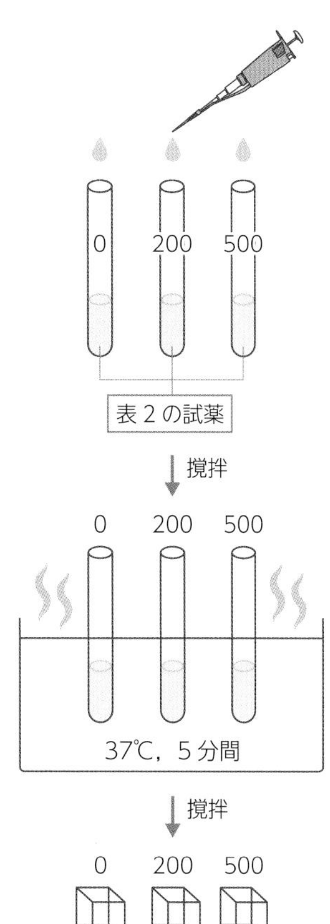

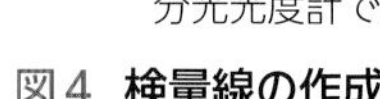

図4　**検量線の作成**

❶ 試験管3本にマジックで試験管番号を書く．

❷ それぞれの試験管に表2に従って純水，200 mg/dL グルコース標準液，500 mg/dL グルコース標準液を加える（100 μL のマイクロピペットを使用する）．

❸ それぞれの試験管に3.0 mL のグルコースCⅡ-テストワコーを加える（1,000 μL のマイクロピペットを使用する．1,000 μL を3回入れる）．

❹ 試験管ミキサーで撹拌する．

❺ 反応液を37℃で5分間加温する．

❻ 試験管の外側の水滴をペーパータオルでふきとり，もう一度試験管ミキサーで撹拌する．

❼ セルの曇っている面に試験管番号と同じ番号をマジックで書く．セルをもつときは，曇っている面を触ること．

❽ セルに8～9分目まで反応液を入れる．

❾ 波長505 nm の吸光度を測定する．セルは，受光方向を示す矢印が左を向くように入れること．セルをもつときは，曇っている上側の部分を触ること．

❿ データをExcelを用いて直線回帰分析し，傾きと切片を求め，これを検量線とする（実験当日は，グラフ用紙に検量線を作成し，外挿により飲料水に含まれるグルコースのおおよその濃度を求める）．

B. 清涼飲料水のインベルターゼ処理

表3 インベルターゼ処理

1.5 mLチューブ	C1	E1	C2	E2	C3	E3	備考
純水（μL）	180	120	180	120	180	120	❷で加える
500 mmol/Lクエン酸緩衝液（pH4.6）（μL）	0	20	0	20	0	20	
ペプシコーラ（μL）	20	20	0	0	0	0	
カルピスウォーター（μL）	0	0	20	20	0	0	
午後の紅茶ミルクティー（μL）	0	0	0	0	20	20	
インベルターゼ（μL）	0	40	0	40	0	40	❸で加える

❶ 1.5 mLチューブ6本にマジックで表3の番号を書く．

⬇

❷ それぞれの1.5 mLチューブに表3に従って純水，500 mmol/Lクエン酸緩衝液（pH4.6），ペプシコーラ，カルピスウォーター，午後の紅茶ミルクティーを加える（水は1,000 μL，その他は100 μLのマイクロピペットを使用する）．

⬇

❸ 蓋をして試験管ミキサーで撹拌した後，E1，E2，E3に40 μLのインベルターゼを加え，タッピング※1で混合する．

⬇

❹ 6本の1.5 mLチューブを60℃のドライインキューベーターに入れ，10分間反応させる．

⬇

❺ 1.5 mLチューブをチューブ立てに戻す（サンプルC1，C2，C3はインベルターゼが入っていないコントロールであることに注意）．

※1 **タッピング**
チューブの下の方を指先で軽く弾いて，溶液を撹拌する方法

タッピング

C. インベルターゼ処理した清涼飲料水サンプルのグルコース定量

表4 清涼飲料水サンプルのグルコース定量

試験管	B	C1	E1	C2	E2	C3	E3
純水（μL）	20	0	0	0	0	0	0
インベルターゼ処理飲料サンプル（μL）	0	（C1）20	（E1）20	（C2）20	（E2）20	（C3）20	（E3）20
グルコースCⅡ-テストワコー（mL）	3.0	3.0	3.0	3.0	3.0	3.0	3.0

❶ 試験管7本にマジックで表4の番号を書く．

⬇

❷ 試験管に表4に従って純水，インベルターゼ処理した飲料サンプル（前項Bで調製）を同じ番号の試験管へ入れる（100 μLのマイクロピペットを使用する）．

⬇

❸ それぞれの試験管に3.0 mLのグルコースCⅡ-テストワコーを加える（1,000 μLのマイクロピペットを使用する．1,000 μLを3回入れる）．

⬇

❹ 試験管ミキサーで撹拌する．

⬇

❺ 反応液を37℃の温浴中で5分間加温する．

⬇

❻ 試験管の外側の水滴をペーパータオルでふきとり，もう一度試験管ミキサーで撹拌する．

⬇

❼ セルの曇っている面に試験管番号と同じ番号をマジックで書く．セルをもつときは，曇っている面を触ること．

⬇

❽ セルに8分目まで反応液を入れる．

⬇

❾ 波長505 nmの吸光度を測定する．BはAutoZero（0.00）調整用（ブランク）である．セルは，受光方向を示す矢印が左を向くように入れること．セルをもつときは，曇っている上側の部分を触ること．

⬇

❿ 前項Aの検量線より，各サンプルのグルコース量を求める．

実験データと整理

- グルコース検量線の式は，直線回帰分析より切片，傾きを求める（〈実験6-1〉参照）．
- 清涼飲料水は，インベルターゼ処理時に10倍に希釈されていることに注意する．
- 各飲料のグルコース，フルクトース，スクロースの量の算出方法は，次のように考える．

① 清涼飲料水100 mLあたりの糖類全体の量は，成分表示の値を使用する．これをW［g］とする．

② 清涼飲料水100 mLあたりのグルコースをX［g］，フルクトースをY［g］，スクロースをZ［g］と仮定すると，W＝X＋Y＋Zとなる．

③ インベルターゼで処理されていないサンプルの100 mLあたりのグルコース量をa［g］，インベルターゼで処理されたサンプルの100 mLあたりのグルコース量をb［g］とすると，a＝X［g］，b＝X＋Z/2［g］となる（スクロースの加水分解に要する水の量は無視する）．これより，スクロースの量はZ＝2(b－a)［g］となる．

④ ②および③より，Y＝W－X－Z＝W－a－2(b－a)＝W＋a－2b［g］と求められる．

1）食品表示の糖類全体の量の値を使用しないで，清涼飲料水100 mLあたりのグルコース，フルクトース，スクロースの量をGOD-POD法で求める方法を考察しなさい（ヒント：インベルターゼに加えて，フルクトースをグルコースに変換する酵素も使う）.

文　献

1）Marshall EK Jr：A rapid clinical method for the estimation of urea in urine. J Biol Chem, 14：283-290, 1913

2）Marshall EK Jr：A new method for the defermination of urea in blood. J Biol Chem, 15：487-494, 1913

第9章 細胞分画法

Point

1. 細胞内に核や細胞小器官が存在することを理解する
2. 細胞小器官はそれぞれ固有の機能と構造をもっていることを理解する
3. 細胞小器官と酵素の細胞内局在とその働きを理解する

1 細胞と細胞小器官

●「生化学」p.19参照

すべての生物は基本単位となる**細胞**から構成され，細胞の中では数多くの代謝反応が行われている●．細胞の特徴は，外界を隔てる**細胞膜**に囲まれ，細胞内には**細胞小器官**という小さな構造をもっていることである（図1）．細胞膜は，リン脂質二重層からできており，細胞の形を維持するだけでなく，膜の中に酵素，担体，チャネル，受容体（recepter）などの

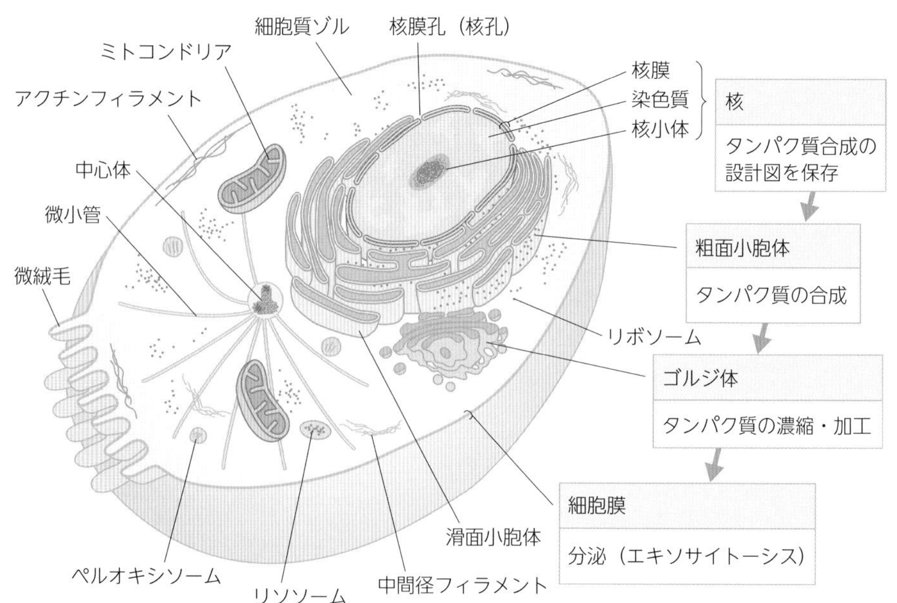

図1 細胞の基本構造と細胞小器官
栄養科学イラストレイテッド「生化学 第3版」（薗田 勝/編），p20，羊土社，2018より引用

タンパク質が含まれている．細胞小器官には，核，ミトコンドリア，リボソーム，小胞体，ゴルジ体（装置），リソソームなどがある．そして，細胞小器官自体も生体膜で覆われている．**核**は，核膜で包まれ，遺伝物質である核酸を含んでいる．**ミトコンドリア**は，内膜と外膜の2つの膜構造をもち，ATP合成，脂肪酸の酸化分解などを行っている．**小胞体**は，名前が示すように網状構造で，粗面小胞体と滑面小胞体の2種類がある．**粗面小胞体**は，平たい袋状に拡がった膜表面にリボソーム顆粒が付着しており，**滑面小胞体**にはリボソームの付着はなく，管状構造をしている．**リボソーム**はRNAとタンパク質の複合体で，**核小体**でつくられる．小胞体に結合したリボソームで細胞外へ分泌されるタンパク質あるいは膜に埋め込まれる膜タンパク質が合成され，粗面小胞体が取り込み，濃縮・貯蔵をしている．**ゴルジ体**は，平たい袋状の組織が積み重なった構造をしており，小胞体から輸送されたタンパク質に糖鎖を付加させ小胞に包み分泌し，細胞外へ放出あるいは膜融合させる．**リソソーム**は，内部に加水分解酵素を含み，細胞内にとり込んだ物質を分解し，不要物を細胞外へ放出する役割をもつ．このように細胞小器官はそれぞれ固有の機能をもっている．

本実験では，細胞を破壊（図2）して**細胞分画**[※1]することによって，核・ミトコンドリア・ミクロソーム画分に分け，核の中にあるDNAの存在や特定の細胞小器官でしか発現していないタンパク質であるマーカー酵素（その細胞小器官の存在を示す目印となる）を調べ，各画分の純度を確認する．

※1 「画分」は分画されて得られたもの．“分けとったもの”一つひとつを「画分」であると考える．「分画」は操作・方法のこと．モノの構成成分を大きさ，比重，その他の性質を利用することで分けること．細胞分画とは「細胞を機械的に破砕した後，遠心力を利用して，細胞小器官を分離すること」をいう（出典：精選版日本国語大辞典）．

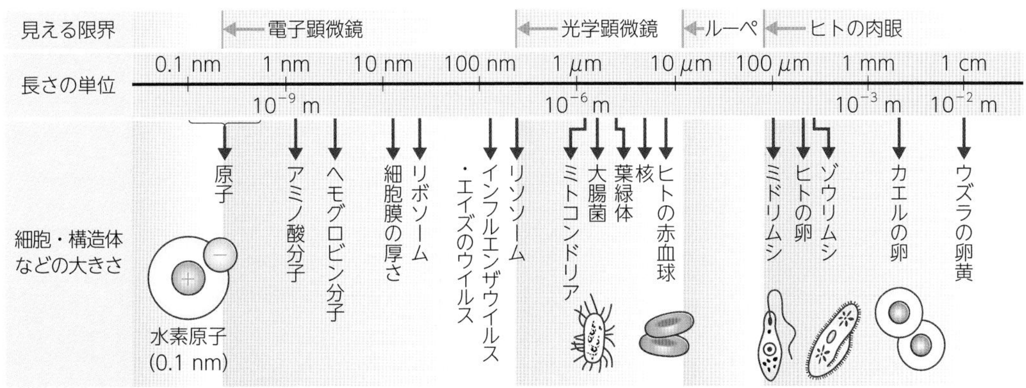

図2　細胞および細胞小器官の大きさ
「やさしい基礎生物学 第2版」（南雲　保／編著），p14，羊土社，2014より引用（「新生物ⅠB・Ⅱ一新制（チャート式シリーズ）」（小林　弘／著），数研出版，1995を参考に作成したもの．リソソームと核は著者による追記）

実験 9-1

ニワトリの肝臓から細胞小器官の分離

概要図

目的

肝細胞中の細胞小器官を核・ミトコンドリア・ミクロソームの 3 つの画分に分ける

方法

分画遠心法を使って細胞小器官の分離をする

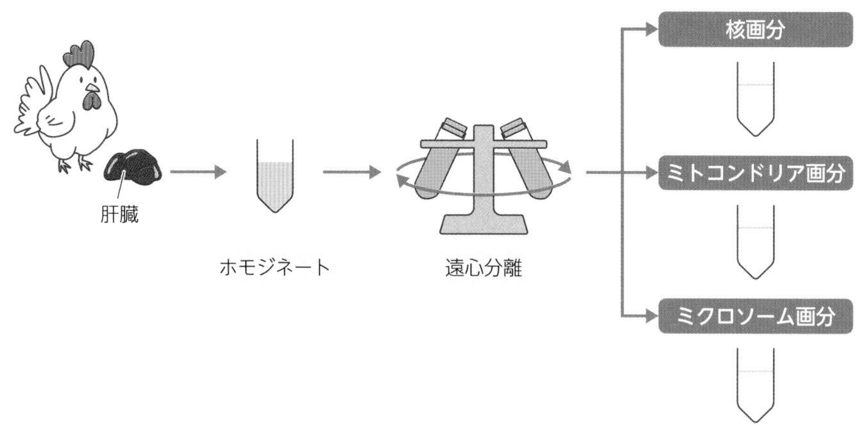

等張液中で肝細胞を粉砕してできたホモジネートを大きさと密度の違いを利用した遠心分離することで，細胞小器官を沈殿として取り出すことができる

実験のフローチャート

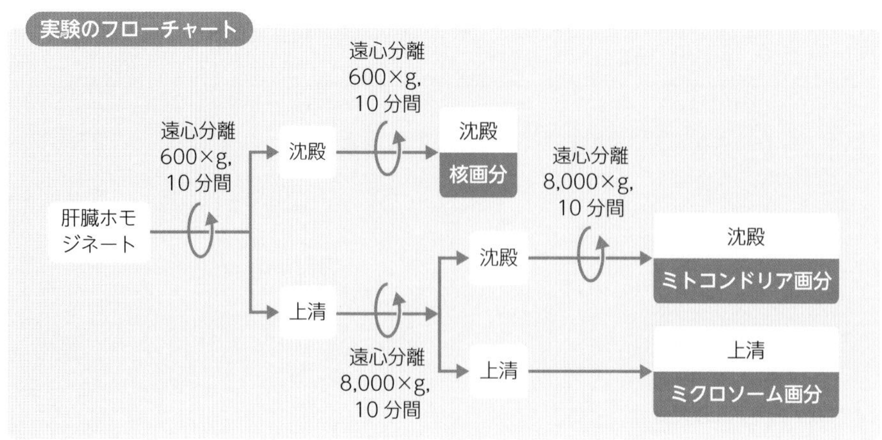

目的・原理

ニワトリの肝臓を材料にして，肝細胞を破壊し，細胞の大きさ・密度の違いを利用して細胞小器官を傷つけないよう分画遠心法を用いて，順番に沈殿させ分離して取り出す．

1）細胞分画法の原理

細胞分画法は，細胞を破壊して細胞小器官（核・ミトコンドリア・ミクロソーム）などの細胞内の各構成成分を分ける方法である．細胞をできるだけ生体内の状態のまま，均一な分画を得るように，一般に，酵素などのタンパク質の機能に影響を与えない非電解質の溶媒（通常はスクロース）の冷却等張溶液中で細胞破砕して**ホモジネート**（homogenate，細胞破砕液）にする．このホモジネートから細胞中の成分や細胞小器官などの各細胞内構成要素を大きさ，形状，密度などの違いによって順次遠心力を増加させながら遠心分離をくり返し，大きさに応じて沈降してくる成分を分取する．この手法を**分画遠心法**という．これは，細胞小器官を分画し，酵素の細胞内分布や細胞小器官の働きを把握するのによく用いられる．酵素を含め細胞内物質の局在を知ることは，それらの細胞内における役割や代謝を知るうえで重要である．

2）分画遠心法の原理

順次遠心力を増加させながら遠心分離をくり返して行う手法である（図3）．細胞内成分の遠心力による沈降速度の差を利用し，一定の遠心力下で一定時間遠心を行い，遠心管の底に沈殿したものと上清みとに分別する．遠心力の強さ※2は，通常，地球の重力加速度の何倍という形（例：10,000 × g）で示される．また，5,000 rpm（revolution per minutes：1分間あたりの回転数）のような回転速度で示されることもある．

※2　遠心力の強さ（＋遠心時間の長さ）によって，沈殿してくる細胞小器官は変わる．分画遠心法では，段階的に遠心力を強めて異なる細胞小器官を採取できるようにしている．

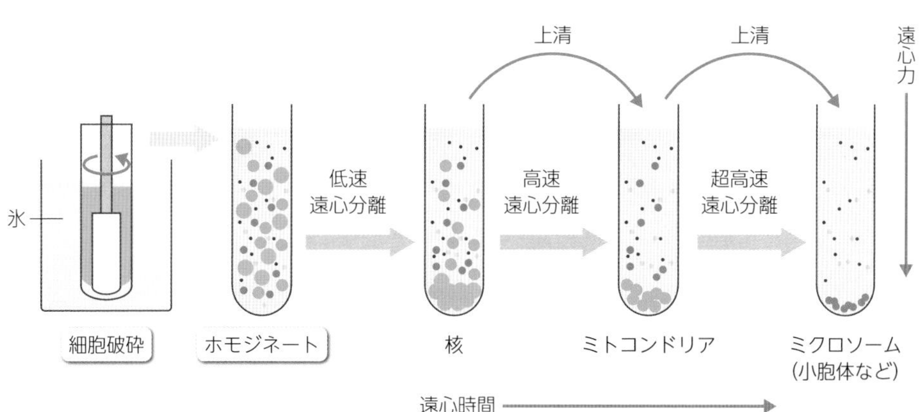

図3　分画遠心法による細胞小器官の分離

試薬

表1　試薬の一覧

試薬名	1グループあたりの量	1グループあたりの事前準備	自由筆記欄
新鮮なニワトリの肝臓＊1	1 g＋1 g（予備）	1 gずつアルミホイルに包んで，氷上において用意する	
0.25 mol/L スクロース溶液＊2	48 mL＋48 mL（予備）	試薬48 mLを50 mL蓋つき遠心管に入れたものを2本冷却して用意する	

＊1　ニワトリの肝臓は冷0.25 mol/Lスクロース溶液に浸けて余分な血液などを除去する．
余分な水分を除き，湿重量を測定後，約1 gを量り取りアルミホイルに包み，氷上で冷やしておく．

＊2　スクロース（$C_{12}H_{22}O_{11}$，分子量342.30）8.56 gを10 mmol/Lトリス緩衝液100 mLに溶解する．
10 mmol/Lトリス緩衝液の調整方法：1 mol/Lトリス緩衝液1 mLと0.5 mol/L EDTA溶液0.2 mLに純水98.8 mL加えて混合する．
・1 mol/Lトリス緩衝液：トリス［ヒドロキシメチル］アミノメタン（分子量121.14）12.1 gを純水約80 mLに溶かし，HCl 35％ 約7 mlを加えてpH7.4に調整後，100 mLにメスアップする．
・0.5 mol/L EDTA溶液：エチレンジアミン四酢酸・2Na・$2H_2O$（分子量372.24）9.3 gを純水約40 mLに溶かし，5 N NaOHを加えてpH7.4に調整後，50 mLにメスアップする．

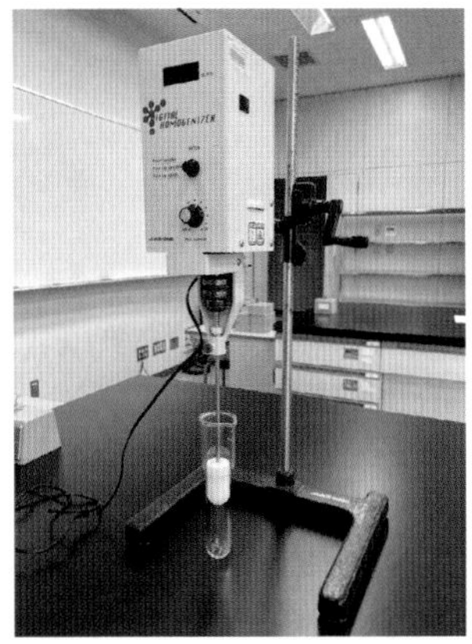

図4　ホモジナイザーポッター型

器具

- □ シャーレ　1個
- □ 解剖はさみ　1本
- □ ホモジナイザー ポッター型（図4）
- □ 二重ガーゼ
- □ 10 mLメスピペット　1個
- □ 蓋つき遠心管　3本
- □ 50 mLビーカー　1個
- □ ピンセット　1本
- □ 冷却遠心機
- □ マイクロピペット（1,000 μL）およびピペットチップ

操作

※すべての操作は氷上または0～4℃で行う．

A. 肝ホモジネートの作成（図5）

❶ ニワトリ肝臓1.0 gを氷上で冷却したシャーレに入れる．

↓

❷ ❶にメスピペットで冷0.25 mol/Lスクロース溶液を5 mL入れる．

↓

❸ 解剖はさみで細かく裁断する（約3 mm程度の大きさ）．

↓

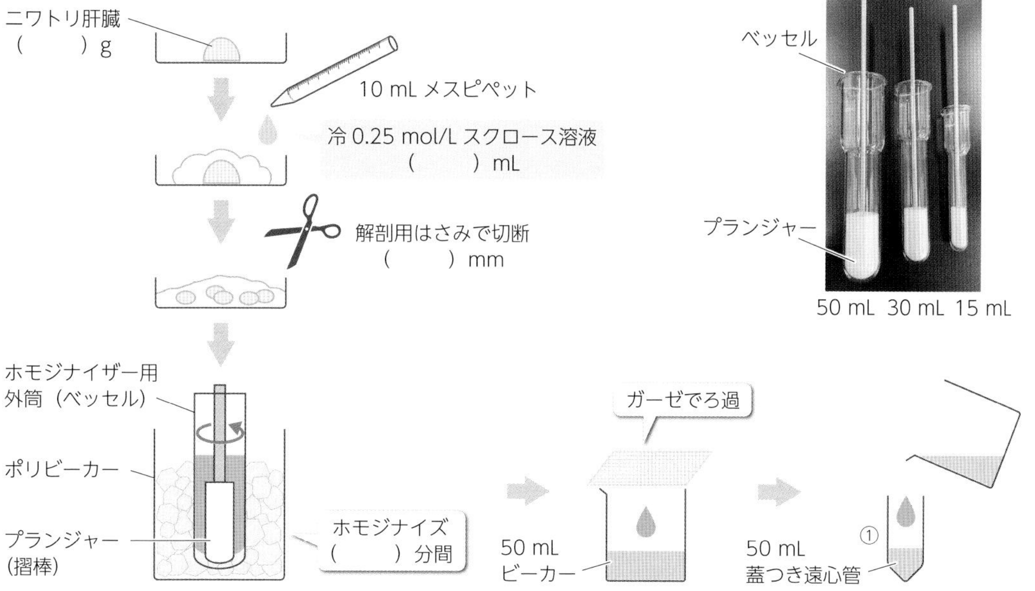

図5　ホモジネートの作成

❹ 氷を入れたポリビーカー内で冷したホモジナイザー用外筒(ベッセル)に移す.

⬇

❺ 冷0.25 mol/Lスクロース溶液を10 mL追加する※3.

⬇

❻ ポリビーカー氷中で約1〜3分間(肝臓の塊がなくなるまで)摩擦による熱が発生しないようにホモジナイズ※4する.ゆっくり上下にベッセルを動かす.

⬇

❼ 二重ガーゼでろ過しながら氷冷した50 mLビーカーに移す.

⬇

❽ 氷冷した蓋つき遠心管①に移す.

⬇

❾ 肝ホモジネートが完成(氷で冷やしておく)

※3　肝臓1.0 gに対し15倍量の冷0.25 mol/Lスクロース溶液を加える.

※4　**ホモジナイズ**
組織・細胞などを破砕もしくは磨砕して均一な懸濁状態にすること.

B. 核画分の分離 (図6)

❶ 遠心管①を4℃,600 × gで10分間,遠心分離する(遠心1).

⬇

❷ 遠心管①の上清8 mLを冷やした新しい蓋つき遠心管②に移す.

⬇

❸ 遠心管①に残った上清をマイクロピペットで除き,沈殿をメスピペットで分取した10 mLの冷0.25 mol/Lスクロース溶液に分散させる.

⬇

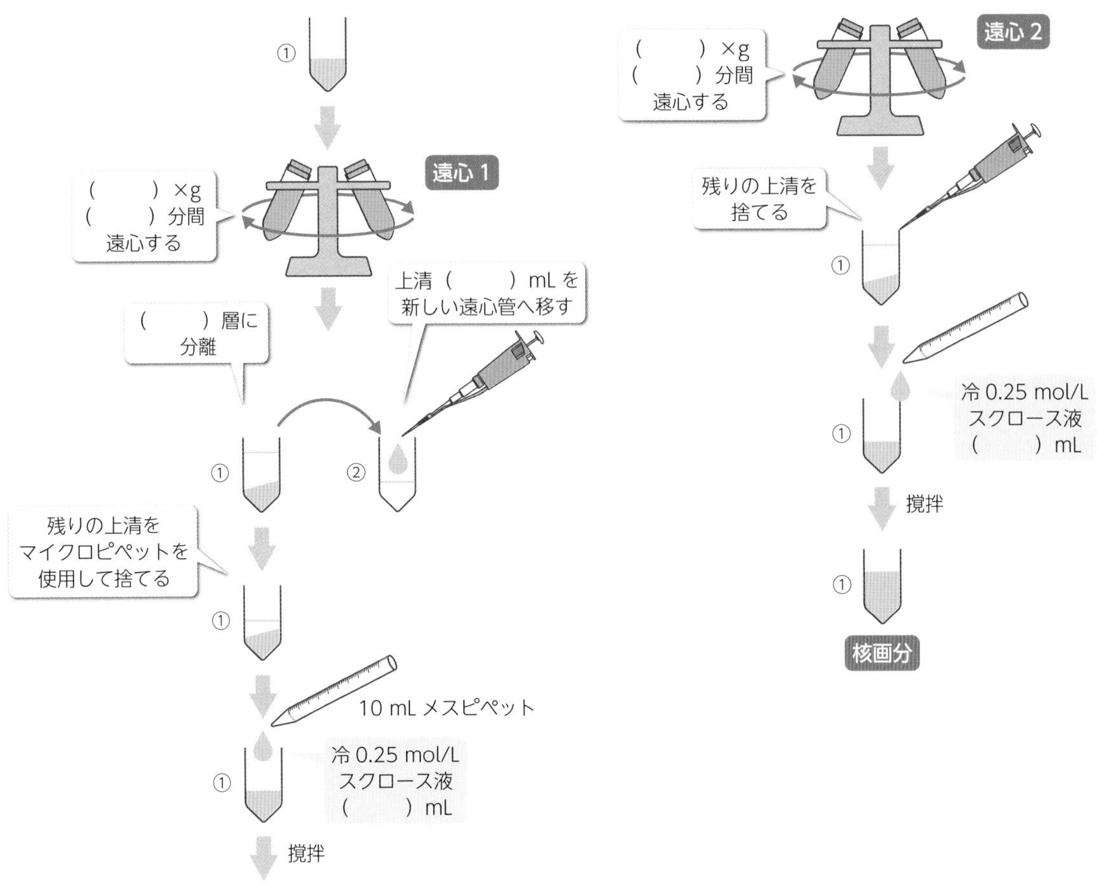

図6　**核画分の分離**

❹ 遠心管①を4℃，600 × g，10分間，再度，遠心分離する（遠心2）.

⬇

❺ 遠心管①の上清をマイクロピペットで取り除き沈殿をメスピペットで分取した10 mLの冷0.25 mol/Lスクロース溶液に分散し，**核画分**とする（氷で冷やしておく）.

C. ミトコンドリア画分とミクロソーム画分の分離（図7）

❶ 遠心管②を4℃，8,000 × gで10分間，遠心分離する（遠心3）.

⬇

❷ 遠心管②の上清5 mLをマイクロピペットで冷やした新しい蓋つき遠心管③に移し，**ミクロソーム画分**とする（氷で冷やしておく）.

⬇

❸ 試験管②に残った上清をマイクロピペットで除き，沈殿をメスピペットで分取した8 mLの冷0.25 mol/Lスクロース溶液に分散させる.

⬇

❹ 遠心管②を4℃，8,000 × g，10分間，再度，遠心分離する（遠心4）.

⬇

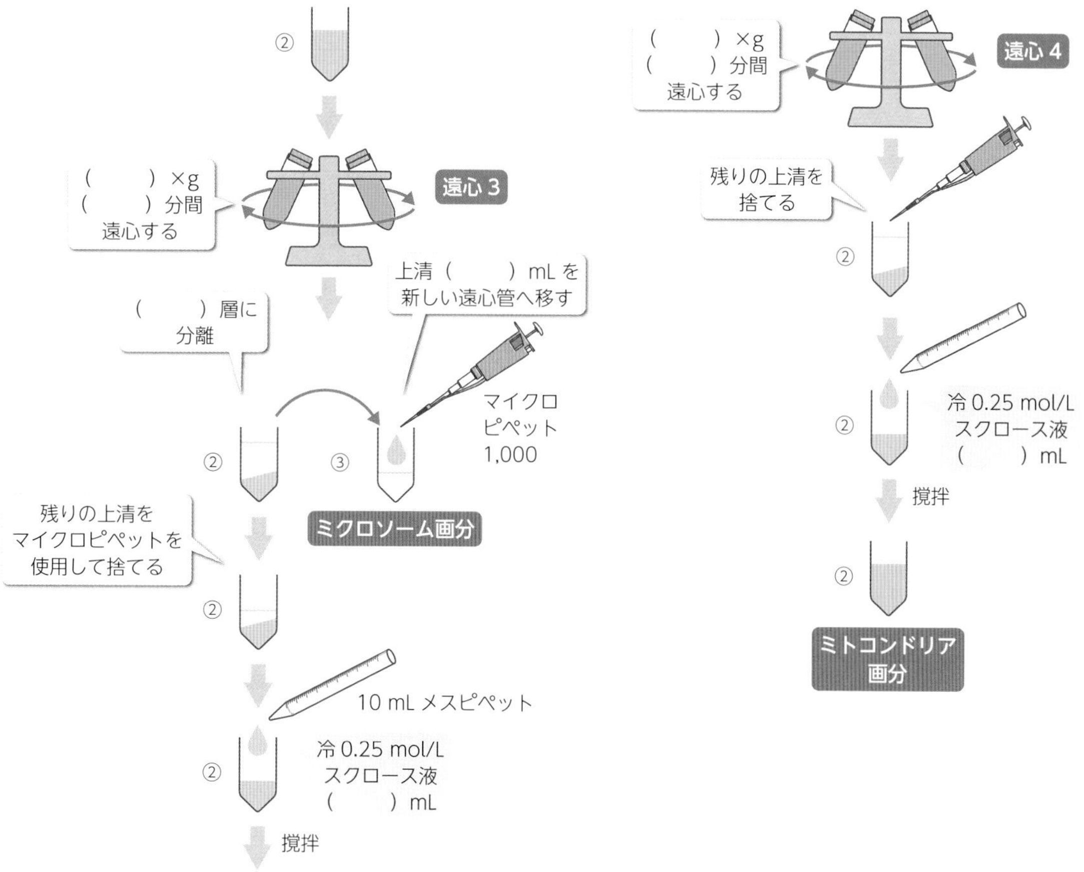

②

(　　) ×g
(　　) 分間
遠心する

遠心 3

(　　) 層に
分離

上清 (　　) mL を
新しい遠心管へ移す

マイクロ
ピペット
1,000

②　③

ミクロソーム画分

残りの上清を
マイクロピペットを
使用して捨てる

②

10 mL メスピペット

②

冷 0.25 mol/L
スクロース液
(　　) mL

攪拌

(　　) ×g
(　　) 分間
遠心する

遠心 4

残りの上清を
捨てる

②

②

冷 0.25 mol/L
スクロース液
(　　) mL

攪拌

②

ミトコンドリア
画分

図7 **ミトコンドリア画分とミクロソーム画分の分離**

❺ 遠心管②の上清をマイクロピペットで取り除き沈殿をメスピペットで分取した5 mLの冷0.25 mol/Lスクロース溶液に分散し，**ミトコンドリア画分**とする（氷で冷やしておく）．

実験データと整理

遠心分離後の核画分，ミトコンドリア画分，ミクロソーム画分の様子を観察する（p.108の表5参照）．

細胞分画法を行う際の以下の内容について述べなさい．

1）スクロース溶液を含む緩衝液を使用する理由はなぜか．

2）氷で冷やしながら行う理由はなぜか．

核画分の定性―DNA の確認―

概要図

目的

〈実験 9-1〉で分画した溶液中，核に含まれる特徴のある成分（DNA）を確認することで，分画の純度を判定する

方法

〈実験 9-1〉で分画した溶液を用いて，核画分に含まれる DNA を検出する

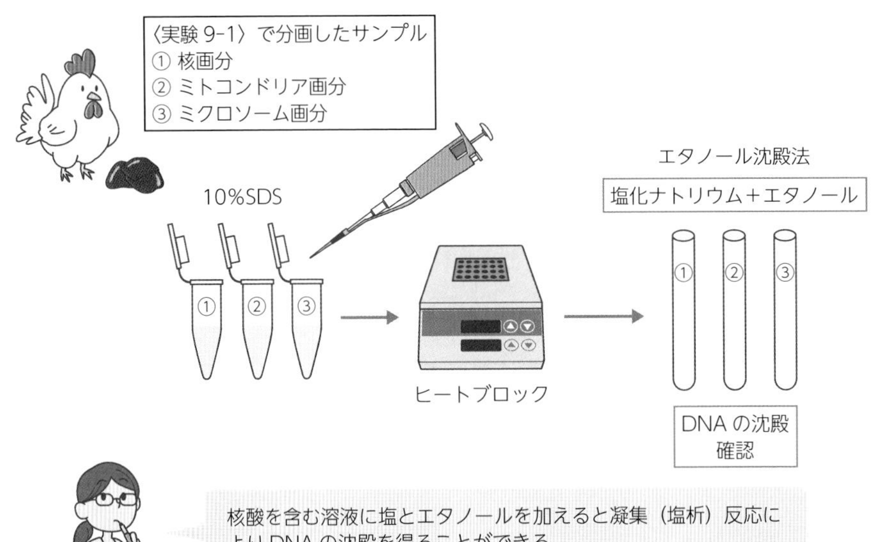

核酸を含む溶液に塩とエタノールを加えると凝集（塩析）反応によりDNA の沈殿を得ることができる

実験のフローチャート

〈実験 9-1〉
核画分
ミトコンドリア画分
ミクロソーム画分
→ エタノール沈殿（塩析）→ 各画分の純度を判定する

 目的・原理

〈実験9-1〉で分画した溶液を用いて，核の中にあるDNAを取り出すことで，核画分の純度を確認する．核の中からDNAを取り出すためには核膜を破壊して，エタノール沈殿により，DNAの沈殿を確認する．

1）エタノール沈殿の原理

核酸は塩基・糖・リン酸からなるヌクレオチドの重合体（ポリマー）であり，主鎖を形成する糖・リン酸部分が特にエタノールに溶けにくい．そのため，核酸の水溶液にエタノールを2倍量程度加えても，核酸はほとんど沈殿しない．これは水溶液中でリン酸部分が解離して核酸が全体的に負電荷を帯びているため，核酸分子同士が静電的に反発してしまい凝集しにくいことによるものである．そこであらかじめ核酸の水溶液に，ナトリウム塩やアンモニウム塩を加えることにより，リン酸の対イオンとして一価の陽イオンを核酸分子に近づける．これにより核酸の負電荷を中和することができるので，エタノール中で核酸分子が凝集しやすくなる（図8）．

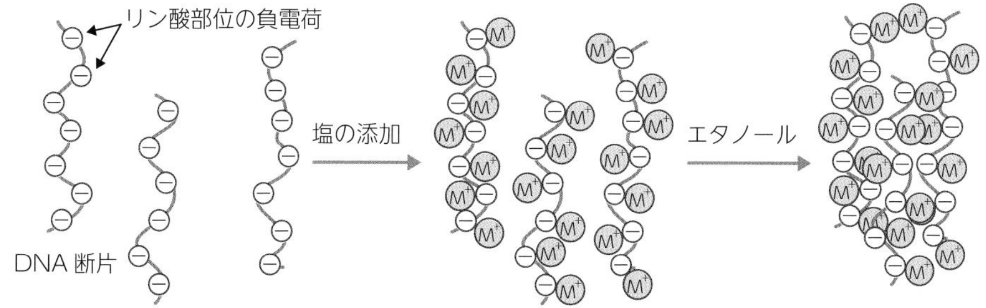

図8 エタノール沈殿の原理
実験医学online：第1回エタノール沈殿（https://www.yodosha.co.jp/jikkenigaku/nucleic_acid/vol1.html）より引用.

 試薬

表2 試薬の一覧

試薬名	1グループあたりの量	1グループあたりの事前準備	自由筆記欄
〈実験9-1〉で分画した溶液 ①核画分 ②ミトコンドリア画分 ③ミクロソーム画分	①②③すべて 500 μL + 500 μL（予備）	①②③1 mLずつ1.5 mL tubeに入れて冷却して用意する	
10％ラウリル硫酸ナトリウム（SDS）溶液[*1]	300 μL + 300 μL（予備）	試薬600 μLを1.5 mL tubeに入れて用意する	
5 mol/L塩化ナトリウム（NaCl）溶液[*2]	75 μL + 75 μL（予備）	試薬150 μLを1.5 mL tubeに入れて用意する	
100％エタノール	2.4 mL + 2.4 mL（予備）	試薬5 mLを15 mL蓋つき遠沈管に入れて用意する	

＊1 ラウリル硫酸ナトリウム1 gを純水に溶かして10 mLとする．低温だと溶解度が下がり析出するため37℃に温めて完全に溶解させてから使用する.
＊2 塩化ナトリウム（式量58.44）2.92 gを純水に溶かして10 mLにする.

器具

- □ 1.5 mLマイクロチューブ　3本
- □ 試験管　3本
- □ マイクロピペット（1,000 μL，20 μL）およびピペットチップ
- □ ヒートブロックまたは恒温槽（55℃）
- □ 遠心機

操作（図9）

❶ 1.5 mLマイクロチューブ3本に各画分番号①②③を油性マーカーで書く．

⬇

❷ ①核画分，②ミトコンドリア画分，③ミクロソーム画分0.5 mLを入れる．

⬇

❸ 10％ラウリル硫酸ナトリウム（SDS）溶液100 μLを加えて穏やかに撹拌する．

⬇

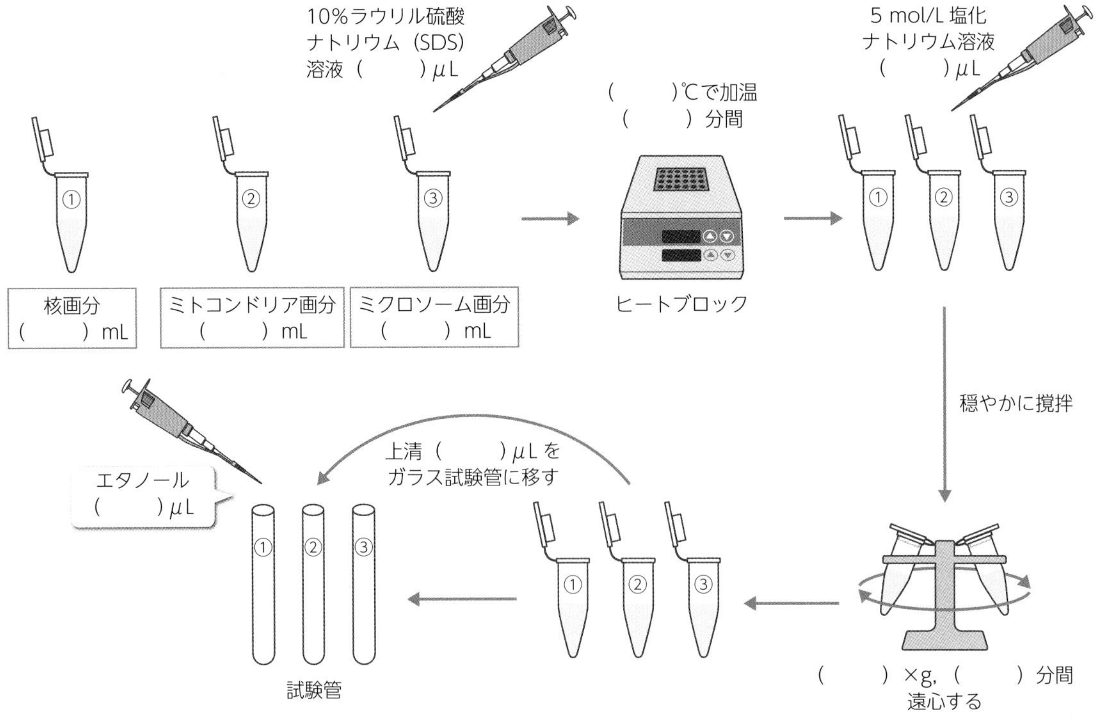

図9　**エタノール沈殿法によるDNAの確認**

❹ 55℃，15分間，ヒートブロックで加温する．

⬇

❺ 5 mol/L NaCl溶液を25 μL加えて撹拌する（終濃度0.2 mol/L NaClになるようにする）．

⬇

❻ 1,580 × g（3,000 rpm），15分間，遠心する．

⬇

❼ 上清400 μLを試験管①②③に移す．

⬇

❽ 2倍量のエタノール800 μLを加える．

⬇

❾ 糸状のDNAが析出するか観察を行う（p.108の表5参照）．

実験データと整理

DNA析出について，核画分，ミトコンドリア画分，ミクロソーム画分の様子を観察する（p.108の表5参照）．

課題

細胞核の中からDNAを取り出すために実験で使用した以下の試薬の役割をまとめなさい．

1）10％ラウリル硫酸ナトリウム（SDS）溶液

2）5 mol/L塩化ナトリウム溶液

3）エタノール

ミトコンドリア画分の定性

概要図

〈実験 9-1〉で分画した各画分についてミトコンドリアのマーカー酵素による反応を確認し，分画の純度を判定する

ミトコンドリアにしか含まれていないマーカー酵素であるコハク酸脱水素酵素による反応を観察する

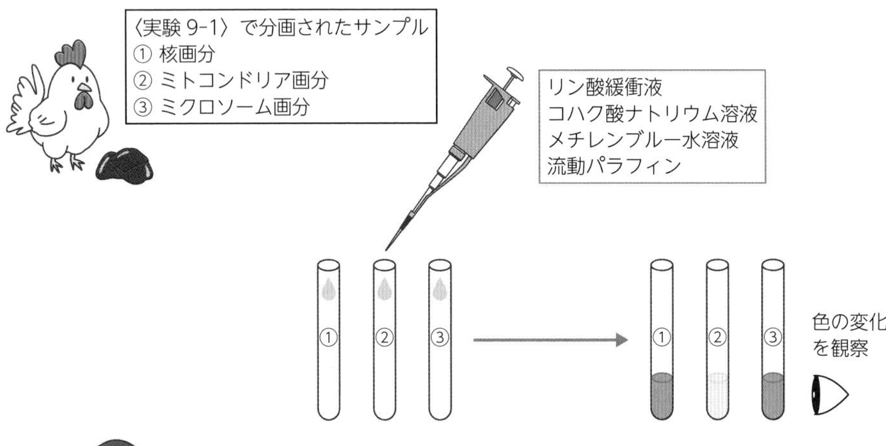

各画分中の細胞小器官の生体膜を破壊した溶液にアルコールと塩を加えると凝集（塩析）反応により DNA の沈殿を得ることができる

実験のフローチャート

〈実験 9-1〉
核画分
ミトコンドリア画分
ミクロソーム画分
→ コハク酸脱水素酵素による反応（酸化還元反応）
→ 各画分の純度を判定する

目的・原理

〈実験9-1〉で分画した溶液を用いて，ミトコンドリアにしか含まれていない酵素（マーカー酵素；**コハク酸脱水素酵素**）の働きを利用し，ミトコンドリア画分の純度を確認する．好気呼吸のミトコンドリア内のクエン酸回路では，コハク酸脱水素酵素（コハク酸デヒドロゲナーゼ）の働きでコハク酸（呼吸基質）から水素が除去され，フマル酸が生じる（図10）．この過程を，メチレンブルーが変色する性質を用いて確かめる．

1）コハク酸脱水素酵素の反応

コハク酸脱水素酵素の働きで，コハク酸（$C_3H_6O_3$）から水素（H_2）が奪われ，フマル酸（$C_3H_4O_3$）を生じる．奪われた水素は補酵素FAD（フラビンアデニンジヌクレオチド）にわたされFAD・H_2になる（図11）．

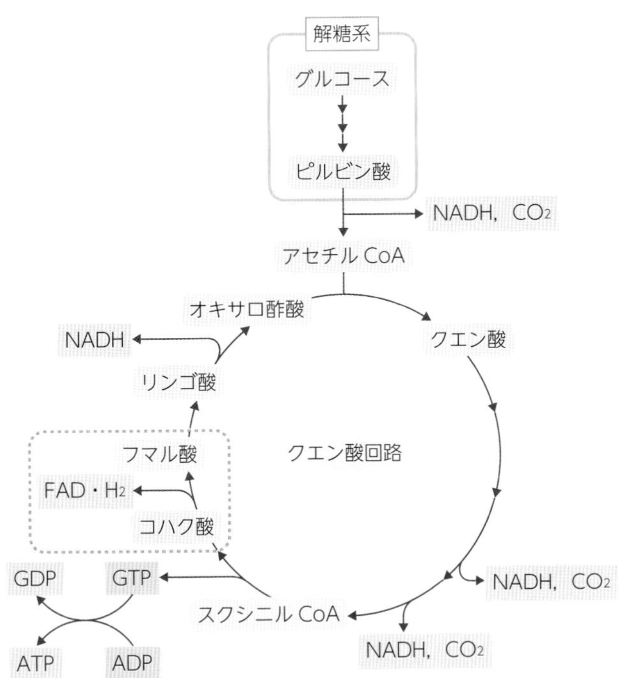

図10 解糖系－クエン酸回路の代謝反応

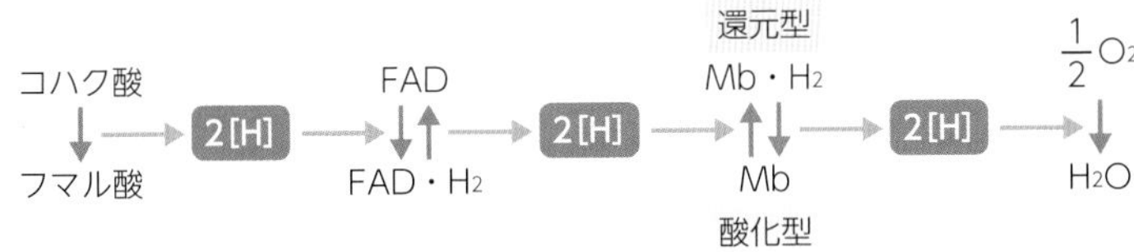

図11 コハク酸脱水素酵素の酸化還元反応

Mb：メチンレンブルー，Mb・H_2：還元型メチレンブルー・メチレンブルーは水素を受け取る（還元される）と青→無色になる．

FAD・H_2の水素がメチレンブルー（Mb）と結合し，還元型メチレンブルー（Mb・H_2）になり青色から無色に色が変化する．本実験では，水素が生じたことを知るためにメチレンブルー（Mb）を入れておき，Mbが無色のMb・H_2になることで，確認する．

また，Mb・H_2は空気にふれることにより，水素が酸素と結びついてしまうため，再び青色に戻ってしまう．これを防ぐため，流動パラフィンで空気を遮断する．

試薬

表3　試薬の一覧

試薬名	1グループあたりの量	1グループあたりの事前準備	自由筆記欄
〈実験9-1〉で分画した溶液 ①核画分 ②ミトコンドリア画分 ③ミクロソーム画分	①②③すべて 300 μL＋300 μL（予備）	①②③600 μLずつ1.5 mL tubeに入れて冷却して用意する	
0.1 mol/Lリン酸緩衝液（pH7.4）＊1	1.5 mL＋1.5 mL（予備）	試薬3 mLを15 mL蓋つき遠心管に入れたものを用意する	
0.02％メチレンブルー水溶液（MB）＊2	0.6 mL＋1 mL（予備）	試薬1.6 mLを15 mL蓋つき遠心管に入れたものを用意する	
0.1 mol/Lコハク酸ナトリウム溶液＊3	1.2 mL＋1.2 mL（予備）	試薬2.4 mLを15 mL蓋つき遠心管に入れたものを用意する	
流動パラフィン	2.1 mL＋2.9 mL（予備）	試薬5.0 mLを15 mL蓋つき遠心管に入れたものを用意する	

＊1　Ⅰ液：リン酸水素二ナトリウム・12水和物（Na_2HPO_4・$12H_2O$）3.58 gを100 mLの純水に溶解する．
　　Ⅱ液：リン酸水素カリウム（KH_2PO_4）0.68 gを50 mLの純水に溶解する．
　　Ⅰ液とⅡ液を適当に混合しながら，pHを7.4に合わせる．

＊2　メチレンブルー0.01 gを純水50 mLに溶解する．

＊3　コハク酸二ナトリウム・6水和物（$NaOOCCH_2CH_2COONa$・$6H_2O$：分子量270.14）0.27 gの0.1 mol/Lリン酸緩衝液10 mLに溶解する．コハク酸二ナトリウム（無水）でも可．

器具

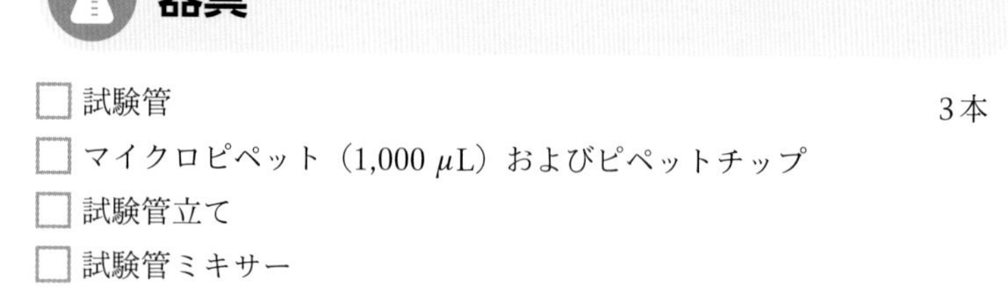

- □ 試験管　3本
- □ マイクロピペット（1,000 μL）およびピペットチップ
- □ 試験管立て
- □ 試験管ミキサー

操作

❶ 試験管3本に油性マーカーで試験管番号①②③を書く．

⬇

❷ 表4のとおり，0.1 mol/L リン酸緩衝液0.5 mL，0.02％メレンブルー水溶液（MB）0.2 mL，0.1 mol/L コハク酸ナトリウム溶液0.4 mL を混合し，①核画分，②ミトコンドリア画分，③ミクロソーム画分を300 μL加え，試験管ミキサーで撹拌する（図12）．

⬇

❸ 流動パラフィン700 μLを試験管の壁面に沿って重層する．

⬇

❹ 静かに室温に放置し，色の変化を観察する（表5）．

表4 各画分に対するコハク酸脱水素酵素における酸化還元反応に必要な溶液と量

試験管番号	①	②	③
0.1 mol/L リン酸緩衝液（μL）	500	500	500
0.02％メチレンブルー水溶液（MB）（μL）	200	200	200
0.1 mol/L コハク酸ナトリウム溶液（μL）	400	400	400
①核画分（μL）	300		
②ミトコンドリア画分（μL）		300	
③ミクロソーム画分（μL）			300

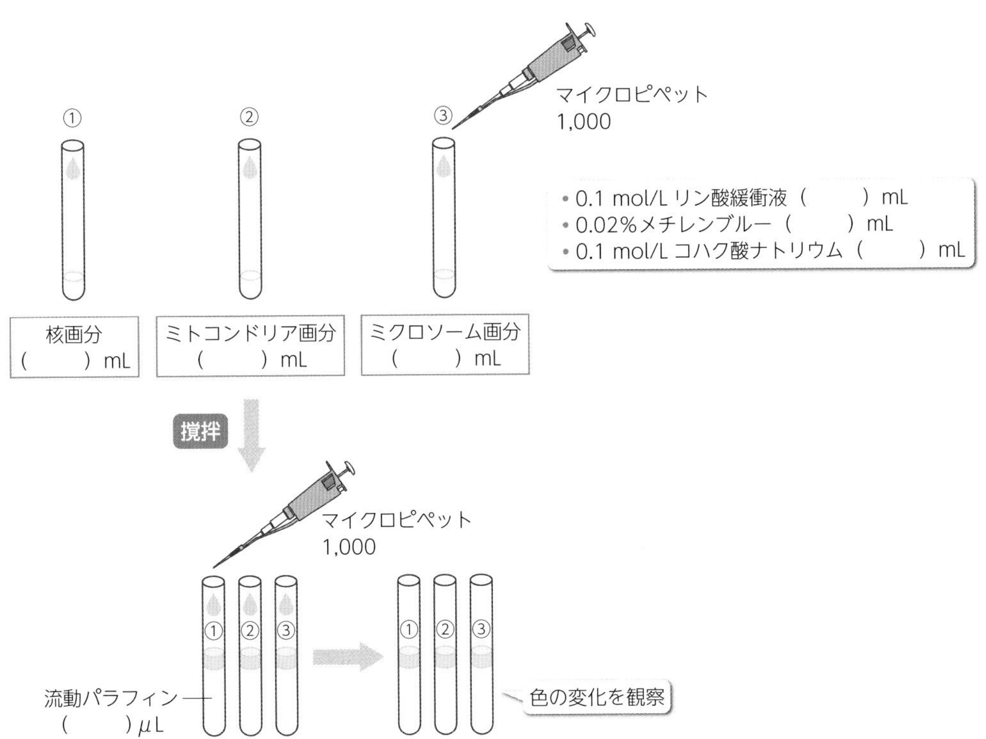

図12 コハク酸脱水素酵素の酸化還元反応

表5 各画分の観察記録

	核画分	ミトコンドリア画分	ミクロソーム画分
〈実験9-1〉 遠心分離後の様子			
〈実験9-2〉 DNA析出の様子			
〈実験9-3〉 コハク酸脱水素酵素反応による色の変化			

表のDLはこちら

実験データと整理

核画分，ミトコンドリア画分，ミクロソーム画分について，コハク酸脱水素酵素反応処理直後と時間経過後の色の変化を観察する．

1）ミトコンドリア画分の定性を確認するために，流動パラフィンを重層するのはどうしてなのか．
2）コハク酸デヒドロゲナーゼ以外の生体内のマーカー酵素の局在と役割を調べてまとめなさい．

10章 DNAの性質

Point

1. 遺伝子の本体であるDNAは生物の細胞内の核の中にどのようにしまわれているのかを理解する
2. 核酸（DNA，RNA）の構造の違いを理解する
3. デオキシリボ核酸（DNA）の化学的性質を理解する

1 核酸とは

核酸は，核酸塩基（プリン塩基またはピリミジン塩基），五炭糖，リン酸からなる**ヌクレオチド**（図1）を構成単位が重合した高分子化合物●であり，核に多く存在する酸性物質という意味で“核酸”と名付けられた．核酸には大きく分けて糖部分がデオキシリボースである**デオキシリボ核酸**（**DNA**）とリボースである**リボ核酸**（**RNA**）に2つの種類がある．DNAは，細胞の染色体の主要成分として主に核（細胞核）に局在する．RNAは，rRNA，mRNA，tRNAなど異なった機能をもつ多くの分子種からなり，主として細胞質に存在する．DNAは，「細胞から細胞」「親から子」へとその特徴を伝える遺伝子の本体であり，その遺伝情報の受け渡しはDNAの複製によって行われ，次世代に伝えられる．DNAの塩基配列に従ってmRNAが合成され，それを鋳型にしてタンパク質がつくられる．

●「生化学」p.70参照

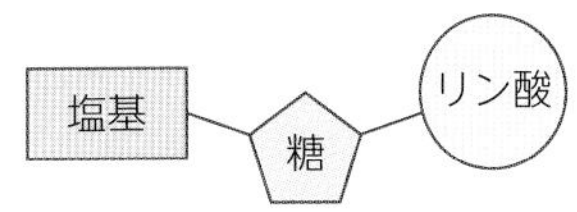

図1 ヌクレオチド

ヒトでは，1細胞あたり46本，23対の**染色体**があり，染色体1本には，遺伝情報が入っているDNAという非常に長い1本の分子が含まれている（図2）．DNAは2本のポリヌクレオチド鎖がらせん状に合わさった二重らせん構造をしている．この二重らせん構造は特定の塩基間，アデニン（A）とチミン（T），グアニン（G）とシトシン（C）における水素結合により安定化されている．細胞内において，DNA分子は，通常**ヒストン**とよばれるタンパク質に巻きつき，線維状の構造体で核内に分布している．細胞分裂期になると，線維状の構造体が何重にも折りたたまれて凝縮され，太い染色体になる．染色体とは，このように細胞内でDNAを安定に保持するために生じた構造なのである．

ヒトの1細胞あたり46本の染色体DNA分子の合計は，

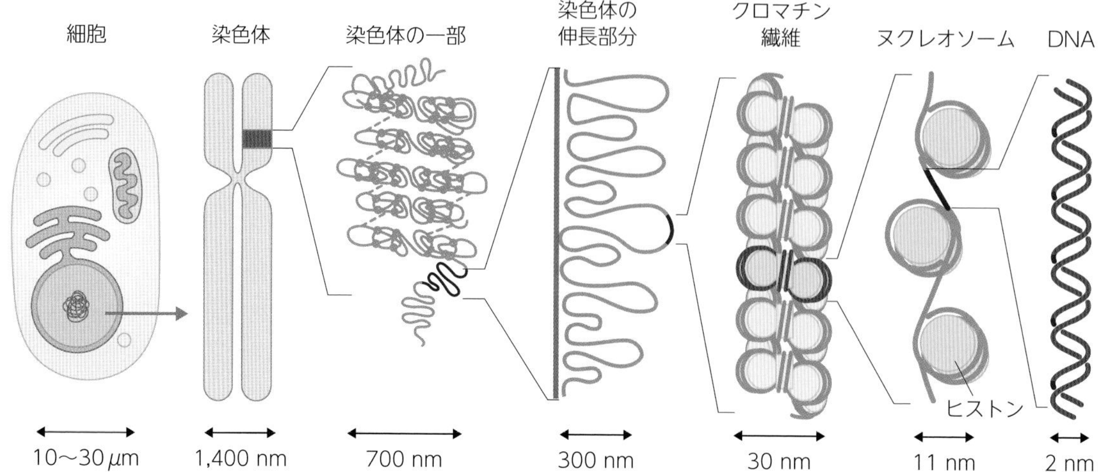

図2　膨大な情報をもち，とても長いDNAの細胞内格納方法
「イラスト生化学入門 栄養素の旅 第3版」（相原英孝，他／著），東京教学社，2018より引用.

$$\frac{30\text{億塩基対}}{\text{らせん1回転分10塩基対}} \times 10\text{塩基対の長さ}3.4\ \text{nm} \times 2(\text{父方と母方})$$

$$= \text{約}6 \times 10^{9}\text{塩基対（分子量約}4 \times 10^{12}\text{）}$$

であり，長さは約2.0 mに達する．驚くべきことに，それらは半径約3 μmの細胞核に収納されている．

この非常に長いDNA分子は，物理的な圧力に弱く，細胞や組織中にはDNA分解酵素（DNase）が存在しているため，DNAを細胞から取り出すときは，その目的に応じて抽出・精製法を選択する必要がある．そこで，本実験では，細胞の中から核酸（DNA）を取り出し，存在を確認して，その性質を調べてみよう．

実験 10-1

ニワトリの肝臓からのDNA抽出および純度の測定

概要図

目的　細胞内の核の中からDNAをきれいに取り出す

方法
① 細胞膜・核膜を壊し，DNAをエタノール沈殿法により抽出する
② 抽出したDNAの純度について吸収スペクトルを測定することで確認する

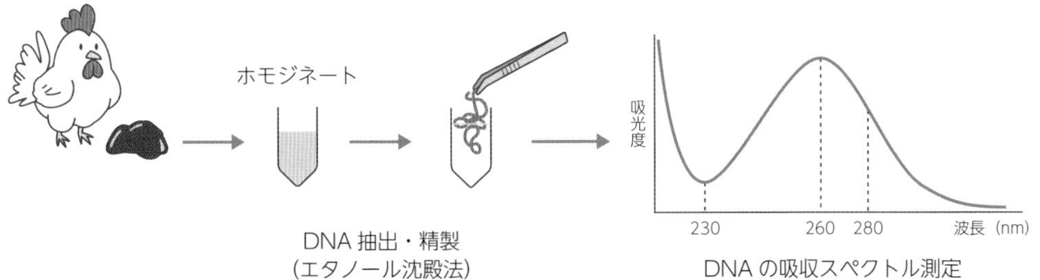

DNAの吸収スペクトルを測定することで，DNAの純度を確認することができる

実験のフローチャート

実験サンプル（ニワトリ肝臓） → DNA抽出・精製 → DNA純度の測定

目的・原理

生体内のすべての細胞内にDNAは含まれており，肉眼では見えない細胞の中にあるDNAをそのまま取り出すのは非常に難しい．本実験では，ニワトリの肝臓の細胞から，DNAを極力損傷させせることなくエタノール沈殿法により抽出・精製し，その存在と純度をDNAの吸収スペクトルで確認する．

1）吸収スペクトルの原理

核酸（DNA，RNA）は構造中の核酸塩基が波長260 nm付近に吸収極大，230 nm付近に吸収極小をもっているため，核酸全体としても260 nm付近に吸収極大をもつ（図3）．タンパク質は280 nmの波長に吸収極大をもつことが知られている．細胞などの生体試料からDNAを抽出した場合，DNA以外の夾雑物が含まれていることがある．これらの夾雑物はその後の実験を阻害する場合もあるため，夾雑物が少ない，きれいなDNAを実験に用いる必要がある．

DNAの濃度を測定する際，夾雑物としてタンパク質が含まれていると，A_{280}での吸光度の値が高くなり，A_{260}/A_{280}の値が小さくなる．一般に，「DNAは$A_{260}/A_{280} \geqq 1.8$」の場合に純度が高いということがわかっている．

そのため，A_{260}/A_{280}の値から，核酸試料中に核酸以外の物質が含まれているかどうか，すなわち，タンパク質が夾雑物として含まれていないか（核酸の純度）を調べることができる．

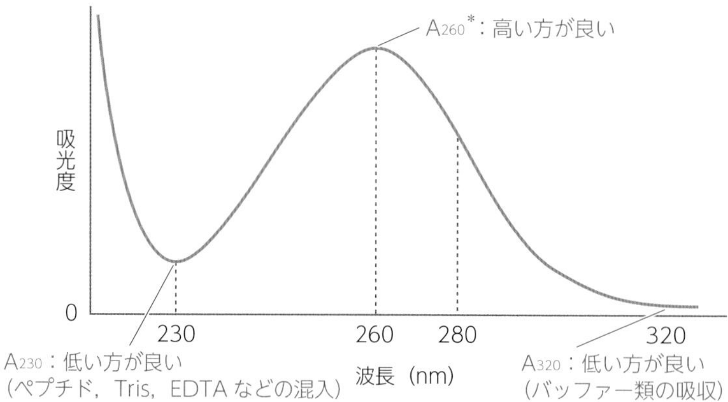

ヌクレオチド塩基	最大吸収波長
アデニン（A）	260 nm
グアニン（G）	275 nm
シトシン（C）	265 nm
チミン（T）	265 nm
ウラシル（U）	260 nm

図3　DNA・RNAの吸収スペクトルと紫外線最大吸収波長

＊　A_{260}は260 nmの吸光度を表す．

試薬

表1 試薬の一覧

試薬名	1グループあたりの量	1グループあたりの事前準備	自由筆記欄
新鮮なニワトリの肝臓	1 g + 1 g（予備）	2 gをアルミホイルに包んで，氷上において用意する	
1 mmol/L トリス緩衝液*1（50 mmol/L EDTA含有，pH7.4）	10 mL + 5 mL（予備）	試薬15 mLを15 mL蓋つき遠心管に入れたものを冷却して用意する	
10 mmol/L トリス緩衝液*2（1 mmol/L EDTA含有，pH7.4）	10 mL + 5 mL（予備）	試薬15 mLを15 mL蓋つき遠心管に入れたものを冷却して用意する	
10％ラウリル硫酸ナトリウム（SDS）溶液*3	0.5 mL + 0.5 mL（予備）	試薬1 mLを1.5 mLチューブに入れたものを用意する	
5 mol/L塩化ナトリウム（NaCl）溶液*4	0.8 mL + 0.4 mL（予備）	試薬1.2 mLを1.5 mLチューブに入れたものを用意する	
クロロホルム	8 mL + 4 mL（予備）	試薬12 mLを15 mL蓋つき遠心管に入れたものを用意する	
100％エタノール	16 mL + 8 mL（予備）	試薬24 mLを50 mL蓋つき遠心管に入れたものを用意する	

＊1　1 mol/L トリス緩衝液0.1 mLと0.5 mol/L EDTA溶液10 mLに純水89.9 mL加えて混合する．

＊2　1 mol/L トリス緩衝液1 mLと0.5 mol/L EDTA溶液0.2 mLに純水98.8 mL加えて混合する．
1 mol/L トリス緩衝液，0.5 mol/L EDTA溶液の調整方法は，〈実験9-1〉と同じである．
- 1 mol/L トリス緩衝液の調整：トリス［ヒドロキシメチル］アミノメタン（分子量121.14）12.1 gを純水約80 mLに溶かし，HCl 35％ 約7 mLを加えてpH7.4に調整後，100 mLにメスアップする．
- 0.5 mol/L EDTA溶液の調整：エチレンジアミン四酢酸・2Na・$2H_2O$（分子量372.24）9.3 gを純水約40 mLに溶かし，5 N NaOHを加えてpH7.4に調整後，50 mLにメスアップする．

＊3　ラウリル硫酸ナトリウム1 gを純水に溶かして10 mLとする．低温だと溶解度が下がり析出するため37℃に温めて完全に溶解させてから使用する．

＊4　塩化ナトリウム（式量58.44）2.92 gを純水に溶かして10 mLにする．

器具

- [ ] シャーレ　1個
- [ ] 解剖はさみ　1本
- [ ] ホモジナイザー
- [ ] 二重ガーゼ（10 cm × 10 cm）　1枚
- [ ] 10 mLメスピペット・安全ピペッター　1本
- [ ] キムタオル（日本製紙クレシア社）
- [ ] 50 mL蓋つき遠心管　2本
- [ ] 50 mLガラスビーカー　1個
- [ ] ポリビーカー　1個
- [ ] ピンセット
- [ ] 遠心機
- [ ] 恒温槽
- [ ] マイクロピペット（1,000 μL）およびピペットチップ
- [ ] 石英セル
- [ ] 可視分光光度計

操作

A. DNAの抽出・精製（図4〜6）

※❶〜❽の操作はすべて氷上，0〜4℃で行うこと（図4）.

❶ ニワトリ肝臓1.0 gを氷上で冷却したシャーレに入れる.

↓

❷ ❶に冷1 mmol/Lトリス緩衝液を1 mL入れる.

↓

❸ 解剖はさみで細かく裁断する（約3 mm程度の大きさ）.

↓

❹ 氷を入れたポリビーカー内で冷したホモジナイザー用外筒（ベッセル）に移す.

↓

❺ 冷1 mmol/Lトリス緩衝液を9 mL追加する.

↓

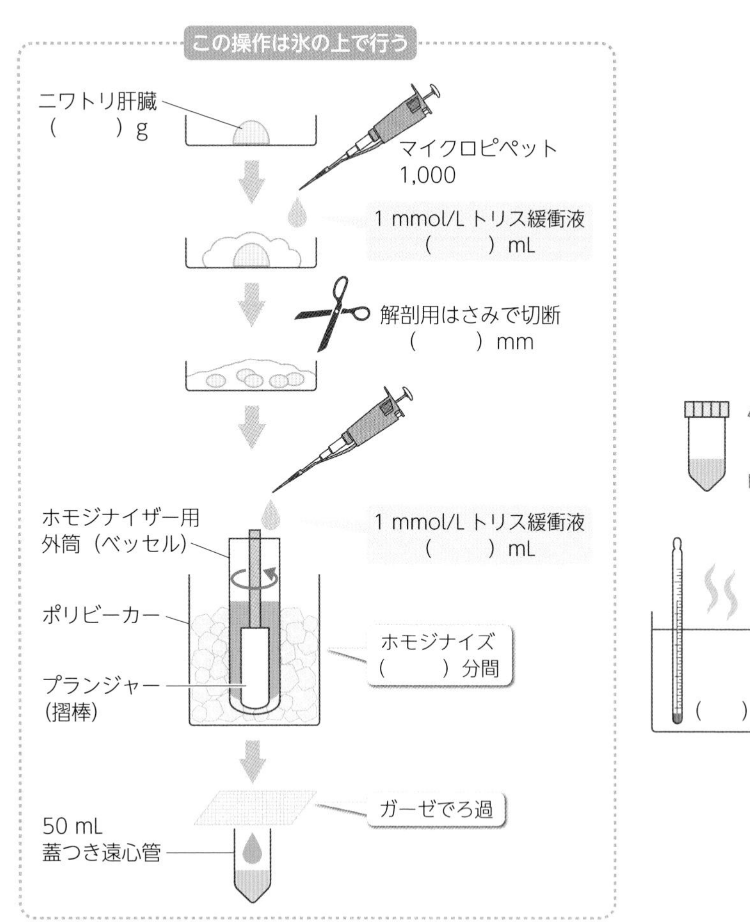

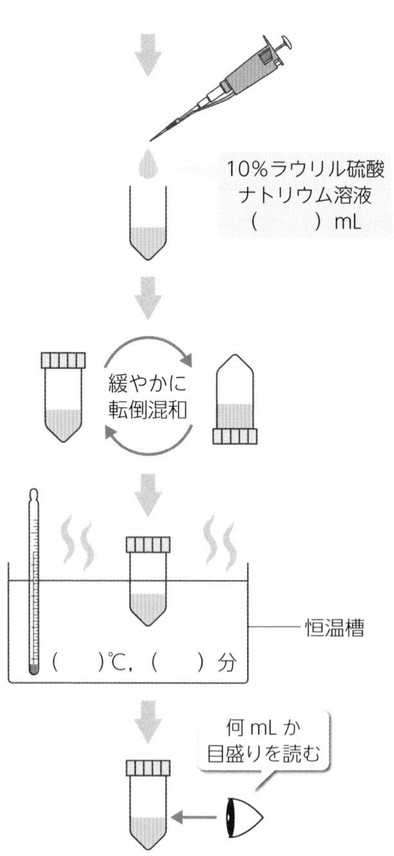

図4 DNAの抽出・精製（操作❶〜❿）

❻ ポリビーカー氷中で約1〜3分間（肝臓の塊がなくなるまで）摩擦による熱が発生しないようにホモジナイズする．ゆっくり上下にベッセルを動かす．

⬇

❼ 二重ガーゼでろ過しながら50 mL蓋つき遠心管に移し，ラウリル硫酸ナトリウム（SDS）0.5 mLを加える．

⬇

❽ 遠心管の蓋をしっかり閉めて，緩やかに転倒混和※1 する❶．

⬇

❾ 55℃の恒温槽に入れ，15分間加温する．

⬇

❿ 遠心管の中の溶液量を目盛りから読みとる（　　mL）．

⬇

⓫ 5 mol/L塩化ナトリウム溶液を最終濃度0.2 mol/Lになるように加え，蓋を閉めて転倒混和させながら緩やかに撹拌する（図5）．

⬇

転倒混和

※1　**転倒混和**
上下を逆にしながら混ぜる．

❶**注意**　粘度が出てくるが均一になるまでよく撹拌する．

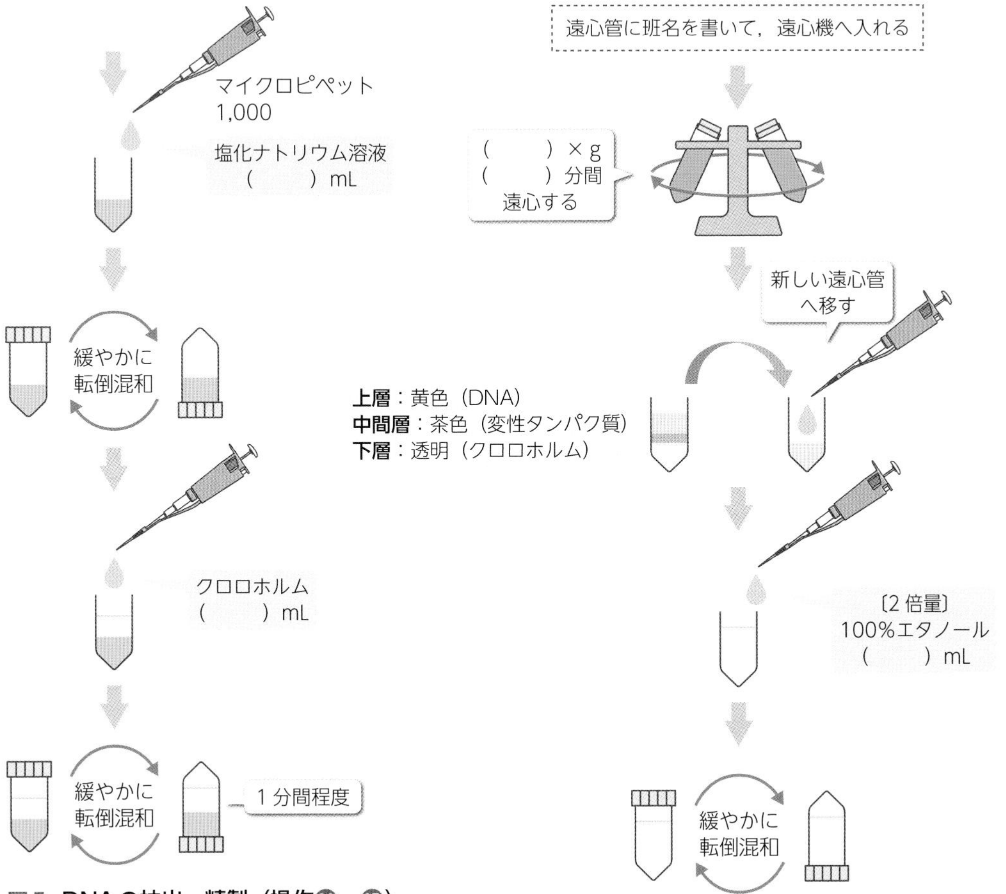

マイクロピペット
1,000
塩化ナトリウム溶液
（　　）mL
緩やかに
転倒混和
クロロホルム
（　　）mL
緩やかに
転倒混和
1分間程度
遠心管に班名を書いて，遠心機へ入れる
（　　）×g
（　　）分間
遠心する
新しい遠心管
へ移す
上層：黄色（DNA）
中間層：茶色（変性タンパク質）
下層：透明（クロロホルム）
〔2倍量〕
100%エタノール
（　　）mL
緩やかに
転倒混和

図5　**DNAの抽出・精製（操作⓫〜⓯）**

❷注意　肝毒性があるので，ドラフト内で加えること．蓋をしっかり閉めること．

⓬ クロロホルム❷を同量（　　mL）加えて約1分間程度，緩やかに転倒混和しながら撹拌する（液が白くなる）．

⬇

⓭ ⓾を，570 × g（18,000 rpm）で15分間遠心する（液が3層に分離する）❸．

❸注意　遠心機の重さのバランスを取ること．

⬇

⓮ 一番上の層（DNAが入っている）を新しい50 mL遠心管にマイクロピペットで吸い上げ，移す．このとき中間層（変性したタンパク質）と下層（クロロホルム）を吸い込まないように気をつける．

⬇

⓯ 遠心管の目盛りから液量を読み（　　mL）とり，その2倍量（　　mL）のエタノールを加え，緩やかに転倒混和しながら撹拌する．

⬇

⓰ 出てきた沈殿をピンセットでつまんで液から取り出してみる（図6）．

⬇

⓱ その後，再び液に戻し570 × g（18,000 rpm）で5分間遠心する．

⬇

⓲ 沈殿が流れ落ちないように，上清（エタノール）を50 mLビーカーに捨てる．

⬇

⓳ 遠心管を逆さにして，キムタオルの上に立てておき，エタノール分を揮発させ取り除く．

⬇

⓴ メスピペット10 mLを使用し10 mmol/Lトリス緩衝液10 mLを加え，ゆっくり撹拌して完全に沈殿を溶解させる❹（DNA溶液が完成）．

❹注意　細胞から抽出した長いDNAを扱うときは，物理的に切断（剪断）されないように気をつける．DNAの剪断防止のため，激しいピペッティングは避ける．

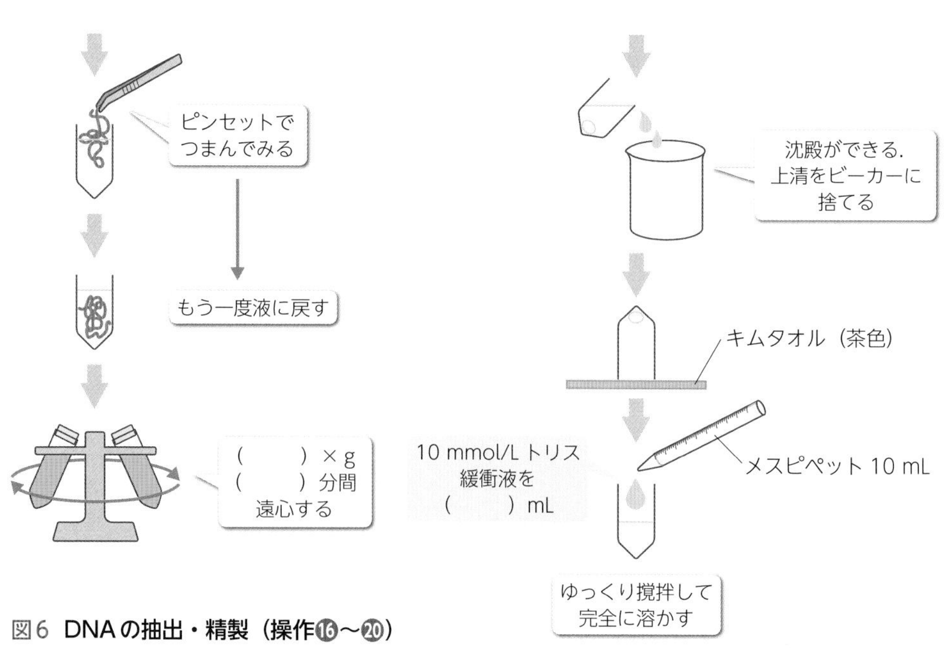

図6　DNAの抽出・精製（操作⓰〜⓴）

B. DNAの吸収スペクトルの測定（図7）

❶ DNA溶液を，10 mmol/Lトリス緩衝液を使用して5～10倍に希釈する（DNA希釈液）．DNA希釈液の260 nmの吸光度がおおよそ0.8～1.0になるようにする．

⬇

❷ DNA希釈液を，分光光度計で吸収スペクトルを測定し，吸収極大の波長を測定する．Base補正を10 mmol/Lトリス緩衝液で行う．測定用のセルはプラスチックセルではなく，石英のセルを用いる．

⬇

❸ さらに，DNA希釈液の260 nmの吸光度を測定する．測定後のDNA希釈溶液は捨てないで回収する．

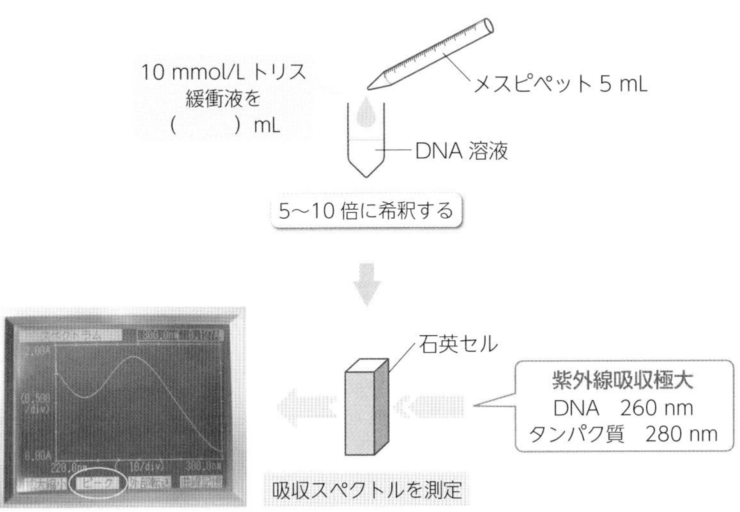

Base 補正は，10 mmol/L トリス緩衝液で行う
① 吸光度ピークを測定する
② 260 nm の吸光度を測定する

図7　**DNAの吸収スペクトルの測定**

実験データと整理

A. DNA濃度の推定

二本鎖DNAは260 nmの吸光度1.0が約50 μg/mLに相当し，一本鎖DNAおよびRNAは260 nmの吸光度1.0が約33 μg/mLに相当する．この数値をもとに核酸の濃度を概算することができる[5]．

DNA濃度を以下の計算式から求める．

$$\text{DNA濃度}(\mu g/mL) = 260\ nm\text{の吸光度}(A_{260}) \times (5\sim10\text{倍希釈}) \times 50\ \mu g/mL$$

❺注意　実際には核酸を構成している塩基（A，G，C，T）の各吸光度と組成が異なるため，特に短いDNAでは組成まで考える必要がある．

B. DNAの純度の評価（A_{260}/A_{280}）

核酸の純度に関して，タンパク質の吸光を示す280 nmの吸光度との比率（A_{260}/A_{280}）を算出することで，およその核酸の純度を知ることができる．通常，きれいにDNAが取れた場合のA_{260}/A_{280}は1.8～2.0を示す．これよりも低い場合はA_{280}の値が高く，タンパク質またはフェノールの混入が考えられる．

1）DNAが260 nmに吸収極大をもつ理由をまとめなさい．
2）DNA・RNAの吸光度を測定するために，なぜ石英セルを使用するのかを説明しなさい．

DNAの定量

概要図

目的　DNAの濃度を調べる

方法　DNA分子中のデオキシリボースをジフェニルアミン法により定量する

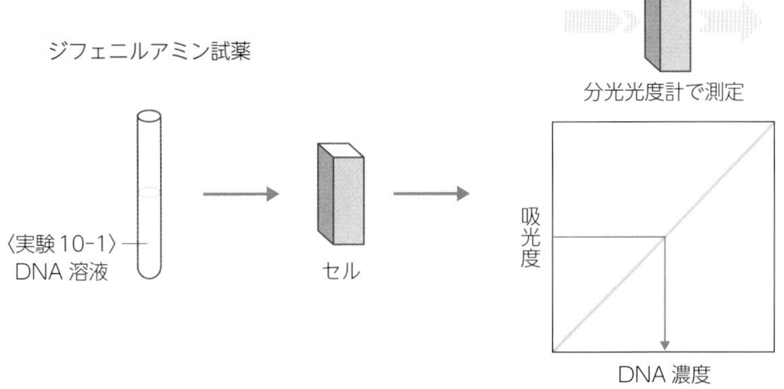

DNAを含む試料溶液にジフェニルアミン試薬を加えると青色複合体が形成されることを利用してDNA濃度が算出できる

実験のフローチャート

〈実験10-1〉DNA溶液 → ジフェニルアミンによる反応 → 吸光度（A_{595}）測定 → 〈実験10-1〉DNA溶液のDNA濃度の算出

目的・原理

DNAは糖（デオキシリボース），その間を連結しているリン酸，4種類の塩基（A，T，G，C）からなっている．〈実験10-1〉で分離・抽出したDNAを用いて，酸に対する反応を調べることにより，その構造について理解することで，DNAの定量を行う．

1）DNA定量の原理

DNAの定量は，**ディッシェ反応**ともいう．1930年にディッシェ（生没年未詳）により発表された，ジフェニルアミン試薬に核酸を含む試料溶液を加えると青色になる反応のことである．発色するのはプリンヌクレオチド（AとG）のみで，ピリミジンヌクレオチド（TとC）は発色しない．試薬中の酸が，デオキシリボースに働くことで開環された5-ヒドロキシ-4-オキソペンタナールとなり，これが二量体化してω-ヒドロキシレブリンアルデヒドを生じる．これにジフェニルアミンが特異的に結合し，青色を呈する複合体が形成される（図8）．この反応は酸によって脱プリン（A，G）化させたデオキシリボースに対して生じ，ピリミジン（T，C）と結合したデオキシリボースはほとんど呈色しない．溶液の吸収極大595 nmを利用してデオキシリボ核酸の比色定量を行うことができる．

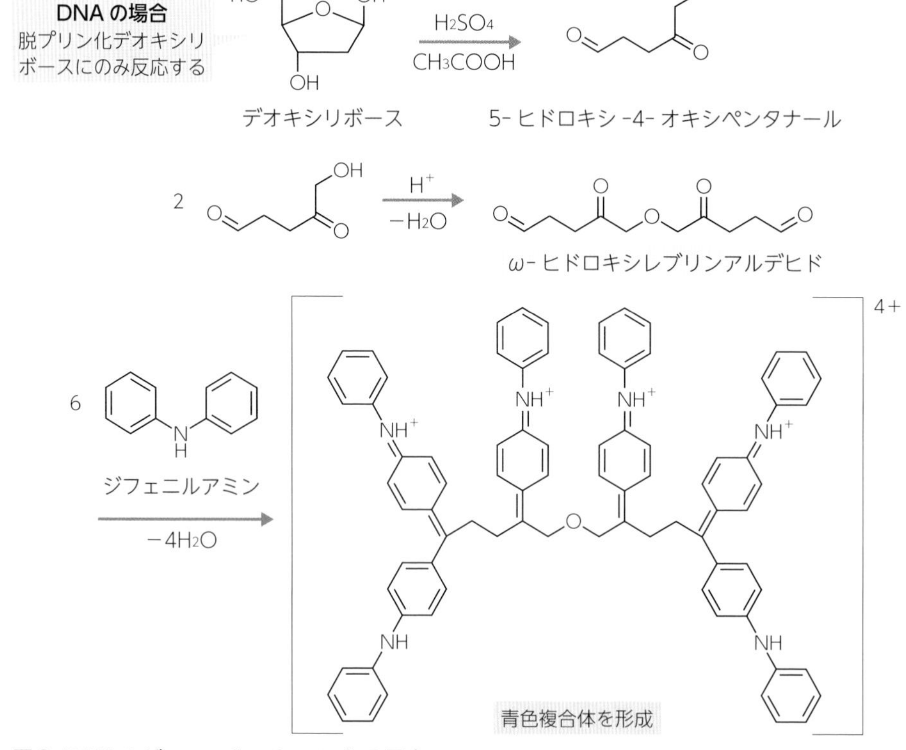

図8 DNAのジフェニルアミンによる反応

試薬

表2　試薬の一覧

試薬名	1グループあたりの量	1グループあたりの事前準備	自由筆記欄
〈実験10-1〉ニワトリ肝臓DNA溶液	1 mL＋1 mL（予備）	試薬2 mLを1.5 mLマイクロチューブに各1 mL分注後，冷却して用意する	
10 mmol/Lトリス緩衝液[*1]（1 mmol/L EDTA含有，pH7.4）	3 mL＋3 mL（予備）	試薬6 mLを15 mL蓋つき遠心管に入れたものを冷却して用意する	
ジフェニルアミン試薬[*2]	8 mL＋8 mL（予備）	試薬16 mLを斜光50 mL蓋つきチューブに入れたものを用意する	
100 μg/mL DNA標準液[*3]	0.9 mL＋0.6 mL（予備）	試薬1.2 mLを1.5 mLチューブに入れたものを用意する	

＊1　〈実験10-1〉参照
＊2　ジフェニルアミン0.5 gを氷酢酸49 mLに溶解し，濃硫酸1 mL加える（当日調整）.
＊3　DNA（デオキシリボ核酸）1 mgを10 mmol/Lトリス緩衝液10 mLに溶解する．DNAは解けにくいので，よく攪拌して溶かす.

器具

- □ 試験管　8本
- □ 試験管立て
- □ ガスコンロ
- □ マイクロピペット（20・200・1,000 μL）およびピペットチップ
- □ ビー玉　8個
- □ 油性マーカー
- □ 深型バット
- □ 軍手

操作

A. DNA標準溶液の検量線の作成

❶ 試験管6本を準備し，油性マーカーで試験管番号①②③④⑤⑥を書く.

↓

❷ 表3のとおり，10 mmol/Lトリス緩衝液，100 μg/mL DNA標準液を混合，試験管ミキサーで攪拌する（図9).

↓

❸ 次に，ジフェニルアミン試薬[❻]1.0 mLを加えて，試験管ミキサーで撹拌する.

↓

❹ ビー玉をガラス試験管の口にのせる.

↓

❺ 沸騰水浴中で10分間加熱する[❼].

↓

❻ 室温まで冷却後，595 nmでの吸光度を測定する[※2].

↓

❼ 検量線の表とグラフを書く（「実験データと整理」参照).

❻注意　強酸（酢酸＋硫酸）が入っているので，手につかないように手袋着用．手についた場合は，すぐ流水で洗う．可能ならドラフト内で作業すること.

❼注意　水浴から取り出すとき，やけどに注意する．試験管のもち方は以下のイラスト参照.

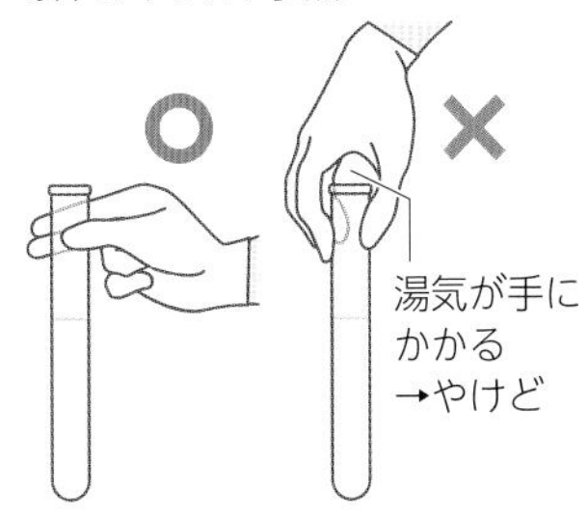

※2　BLANK測定は緩衝液で行う.

表3　DNA検量線作成

試薬	①	②	③	④	⑤	⑥
DNA濃度（μg/mL）	0	1.25	25	50	75	100
10 mmol/Lトリス緩衝液（mL）	0.40	0.35	0.30	0.25	0.20	0
100 μg/mL DNA標準液（mL）	0	0.05	0.10	0.15	0.20	0.4
ジフェニルアミン試薬（mL）	1.00	1.00	1.00	1.00	1.00	1.00

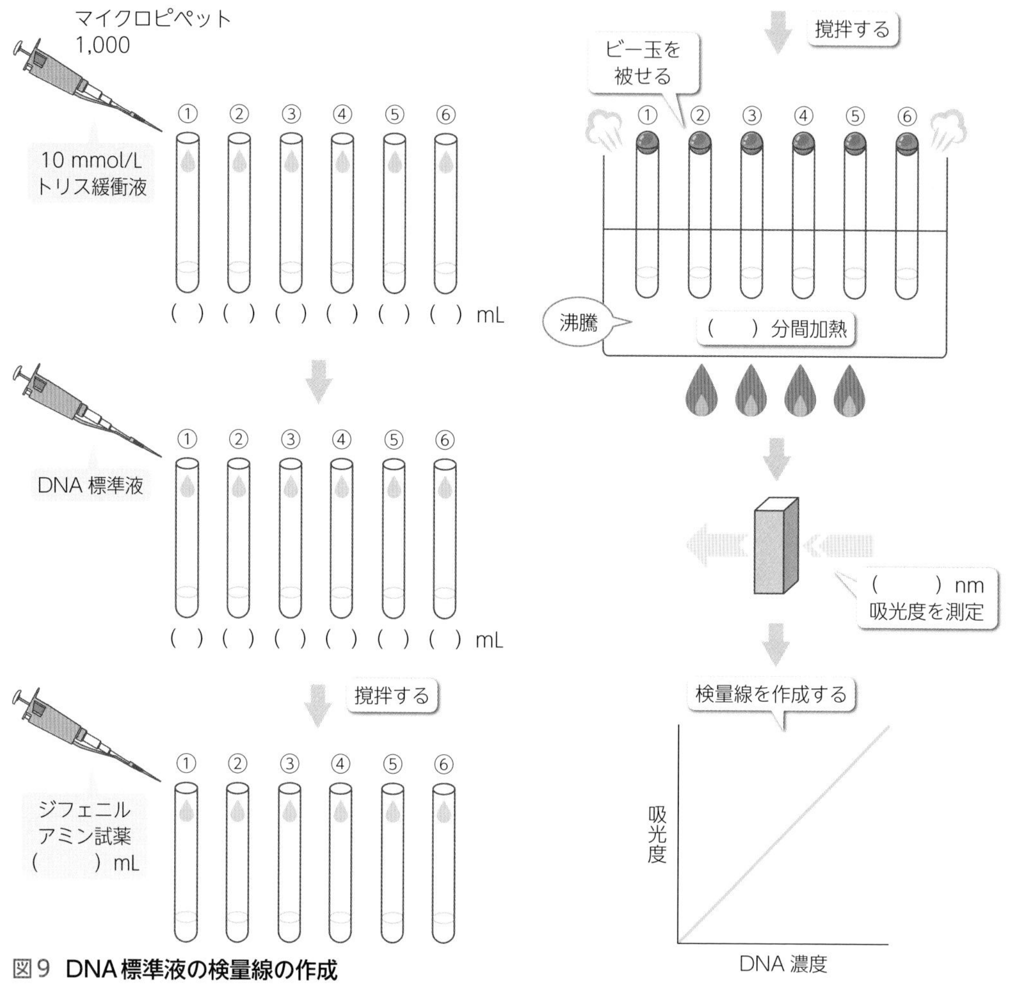

図9　DNA標準液の検量線の作成

B. ニワトリ肝臓DNA溶液の吸光度測定（図10）

❶ ガラス試験管2本に油性マーカーで試験管番号A・Bを書く.

⬇

❷ 試験管Aは,〈実験10-1〉で得られたニワトリ肝臓DNA溶液80 μL, 10 mmol/Lトリス緩衝液320 μLを混合, 試験管ミキサーで撹拌する(5倍希釈液).

⬇

❸ 試験管Bは,〈実験10-1〉で得られたニワトリ肝臓DNA溶液40 μL, 10 mmol/Lトリス緩衝液360 μLを混合, 試験管ミキサーで撹拌する(10倍希釈液).

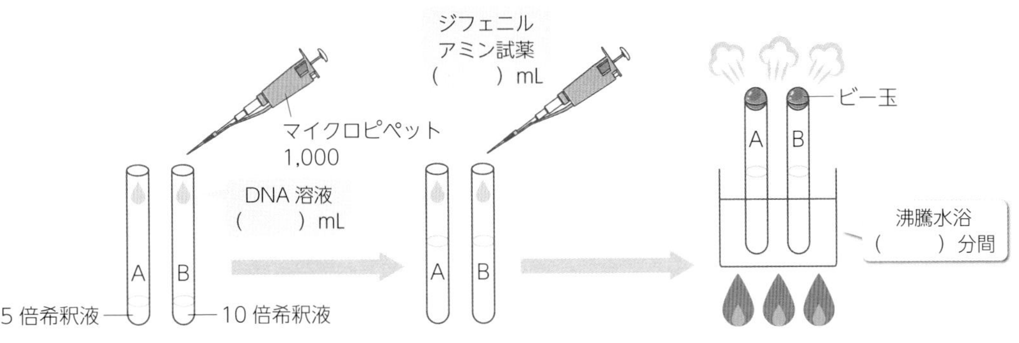

図10　**ニワトリ肝臓DNA溶液の吸光度測定**

❹ 試験管A・Bにジフェニルアミン試薬❽1.0 mLを加え，試験管ミキサーで撹拌する．

⬇

❺ ビー玉をガラス試験管の口にのせる．

⬇

❻ 沸騰水浴中で10分間加熱する．

⬇

❼ 室温まで冷却後，595 nmでの吸光度を測定する．

❽**注意**　強酸（酢酸＋硫酸）が入っているので，手につかないように手袋着用．手についた場合は，すぐ流水で洗う．可能ならドラフト内で作業すること．

実験データと整理

図表のDLはこちら

① Excelにより検量線グラフを作成する〈実験6-1〉の「実験データと整理」，p.59を参照）．

② 直線回帰分析により切片，傾きを求め，ニワトリ肝臓から抽出したDNA溶液の濃度を求める．

表4　**DNA標準溶液の検量線データ**

試薬	①	②	③	④	⑤	⑥
DNA濃度（μg/mL）	0	1.25	25	50	75	100
吸光度						

課題

1）DNAとRNAの化学的構造の違いをまとめなさい．

2）〈実験10-1〉の細胞から抽出した核酸の種類がDNAである理由を述べなさい．

第10章　DNAの性質

DNAの化学的性質

概要図

目的　熱によるDNAの二重らせん構造の変化を調べる

方法　DNAの加熱と冷却による吸光度の変化を測定する

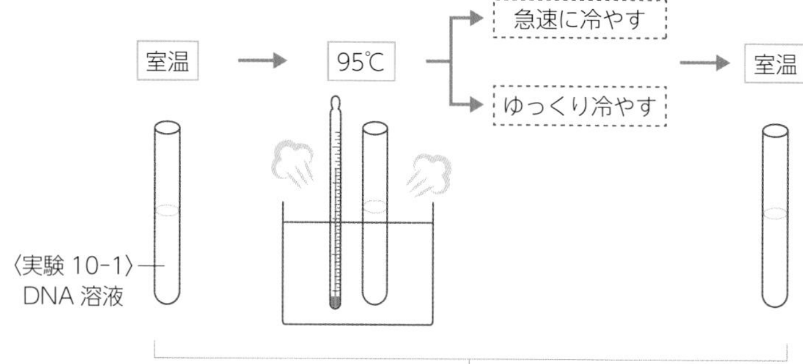

分光光度計で測定

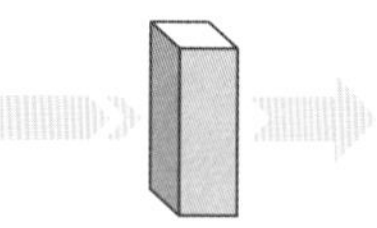

DNAの二重らせん構造は加熱すると紫外線吸収が増大するため，吸光度を測定することによってDNAの構造の変化を確認することができる

実験のフローチャート

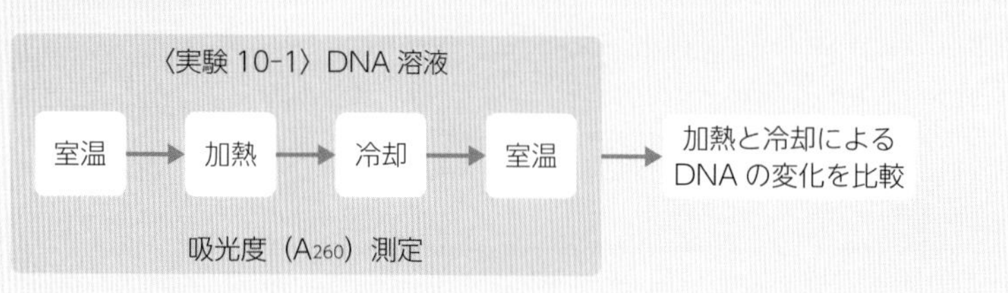

目的・原理

DNAはヌクレオチドが100個以上つながったポリヌクレオチド（一本鎖DNA）2本で構成される．この2本のポリヌクレオチド鎖は，相補的な塩基対が水素結合を介して結合することにより，**右巻きのらせん構造**をとる．〈実験10-1〉でニワトリの肝臓から分離・抽出したDNAについて，加熱することによるDNA二重らせん構造の変化を調べ，その性質について理解する．

1）DNAの化学的性質

DNAの二重らせん構造を構成する2本のポリヌクレオチド鎖は，各鎖の塩基間で形成される相補的な水素結合により結合している．DNAは塩基の部分（塩基内の共役二重結合）で紫外線を吸収することが知られている．DNAは波長260 nmの紫外線をよく吸収するため，この紫外線の吸光度を測定してDNA溶液の濃度を計算することができる．

DNAの二重らせん構造は，加熱することによって変性するが，DNAが変性すると紫外線の吸収が約40％増大する．これを**濃色効果**（hyperchromicity）という．通常の二重らせん構造の中では，DNAの塩基は，らせん内側で積み重り存在しているため，紫外線吸収能力は減少している．ところが，DNAの2本のポリヌクレオチド鎖を結びつける水素結合は不安定なため，熱を加えると変性し水素結合が切れ，塩基が外側に露出する．そのため，塩基がもつ本来の紫外線吸収に近づく．しかし，ゆっくり冷ますとポリヌクレオチドは相補性から再び結合して元に戻る．このようにDNAが一本鎖になることを**DNAの変性**，元に復元することを**アニール**という（図11）．

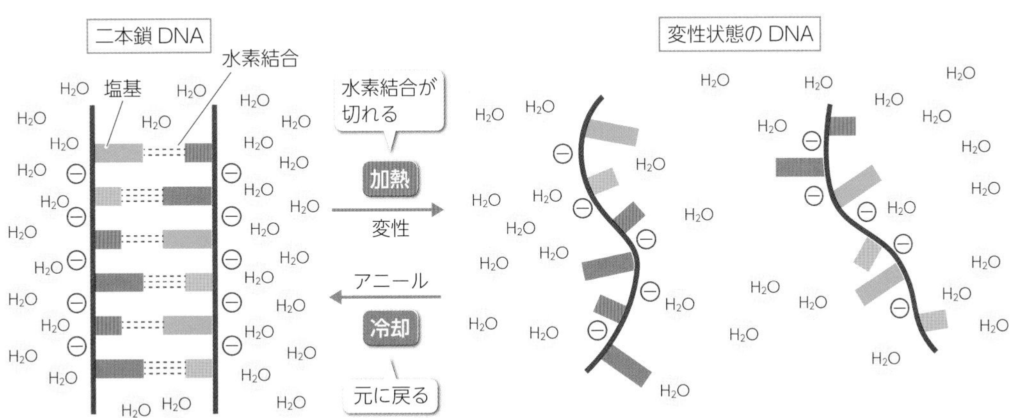

図11　DNAの変性とアニール

試薬

表5　試薬の一覧

試薬名	1グループあたりの量	1グループあたりの事前準備	自由筆記欄
〈実験10-1〉ニワトリ肝臓DNA溶液	1 mL＋1 mL（予備）	試薬2 mLを5 mLチューブに入れたものを冷却して用意する	
純水	10 mL＋5 mL（予備）	試薬15 mLを15 mL蓋つき遠心管に入れたものを用意する	

器具

- □ 試験管　3本
- □ 石英セル❾
- □ マイクロピペット（1,000 μL）およびピペットチップ
- □ 可視分光光度計
- □ 軍手
- □ 油性マーカー

❾**注意**　測定には必ずプラスチックセルではなく，石英セルを用いる．

操作

❶ 試験管に〈実験10-1〉で得られたニワトリ肝臓DNA溶液を加え，吸光度A_{260}＝0.6になるように，純水を用いて調整する（図12）．
※ニワトリ肝臓DNA溶液（　　）mL＋純水（　　）mL

⬇

❷ 試験管ミキサーで軽く混ぜた後，室温で260 nmの吸光度を測定する．

⬇

❸ 試験管2本に油性マーカーで試験管番号a・bを書く．

⬇

❹ ❷のDNA溶液約1.5 mLをガラス試験管a・bに分注する．

⬇

❺ 95℃の恒温槽で5分間加温後，260 nmの吸光度を測定する．

⬇

❻ 試験管aは，氷中で急冷する．

⬇

❼ 試験管bは，室温で30分間放置する．

⬇

❽ 試験管a・bが室温になったことを確認して260 nmでの吸光度を測定する．

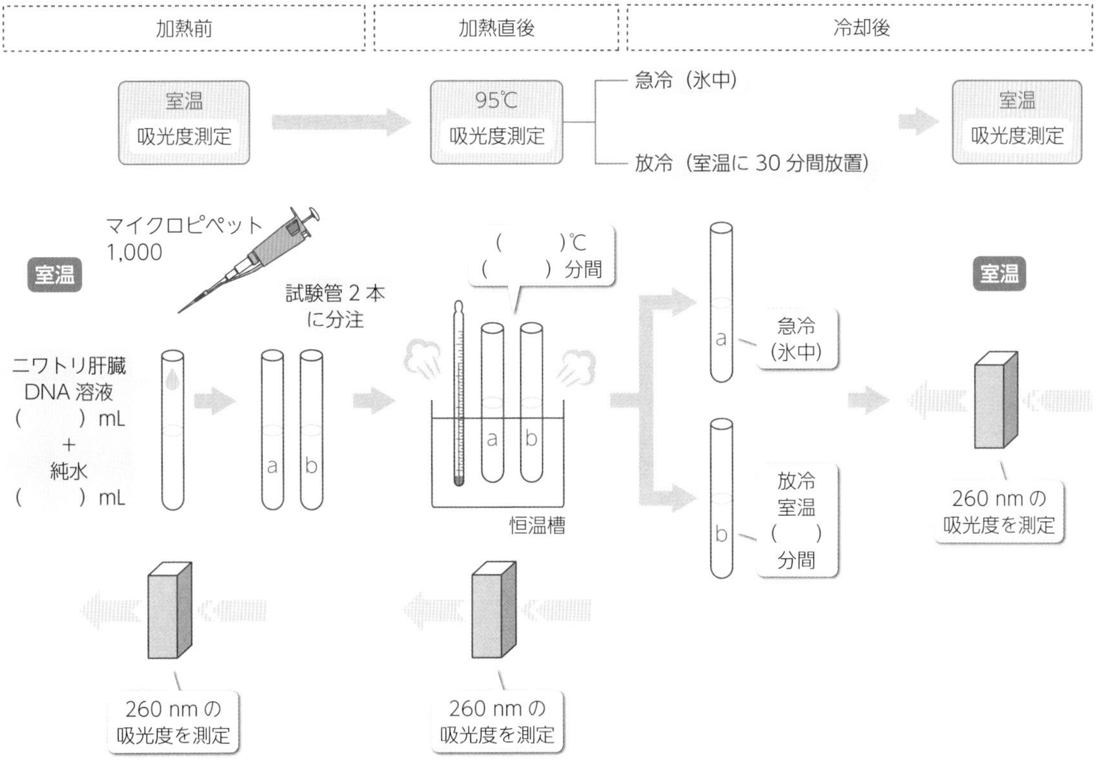

加熱前 / 加熱直後 / 冷却後

室温 吸光度測定 → 95℃ 吸光度測定 → 急冷（氷中）／放冷（室温に 30 分間放置）→ 室温 吸光度測定

室温

マイクロピペット 1,000

ニワトリ肝臓 DNA 溶液 (　　) mL + 純水 (　　) mL

試験管 2 本に分注

a b

(　　)℃ (　　) 分間

恒温槽

a 急冷 (氷中)

b 放冷 室温 (　　) 分間

室温

260 nm の吸光度を測定

260 nm の吸光度を測定

260 nm の吸光度を測定

図 12　DNA の変成と吸光度測定

実験データと整理

ニワトリ肝臓DNA溶液の加熱前，加熱直後，室温まで冷却したDNAの吸光度を比較する．

表6　加熱と冷却の違いによるDNAの吸光度変化

		吸光度	
室温			
95℃加熱			
室温	急冷		
	放冷		

課題

1）DNAの定量法について，今回の実験で行った以外の方法について調べて説明しなさい．
2）DNAの熱による変性が起きる理由をまとめなさい．
3）熱以外にDNAを変性させる要因を述べ，その理由も説明しなさい．

文 献

1）柴山祥枝：タンパク質と核酸・遺伝子をはかる 核酸（DNA・RNA）の定量法：吸光分析法と蛍光分析法を中心に．ぶんせき，523：268-274，2019

2）由岐英剛：ジフェニルアミンによる比色法．「生化学分析法」（由岐英剛/編），pp281-283，南江堂，1984

3）NS遺伝子研究室：DNAの安定性と変性
http://nsgene-lab.jp/dna_structure/denaturation/

4）藤原伸介：どうして核酸は変性するの？．生物工学会誌，89：200-203，2011

11章 PCRと制限酵素

Point

1. DNAポリメラーゼの伸長反応には，鋳型DNA，プライマー，基質となるデオキシリボヌクレオチド三リン酸が必要なことを理解する
2. PCR法により，特定の領域のDNA断片を増幅できることを理解する
3. アガロースDNA電気泳動により，DNA断片をその大きさに応じて分離できることを理解する
4. 制限酵素は，DNA中の特別な塩基配列のみを切断できることを理解する
5. 遺伝子一塩基多型が個人差をもたらすことを理解する

1 PCRとは

●「生化学」p.193～194，p.207～211参照

PCRは，**複製連鎖反応**（polymerase chain reaction）の略号である．好熱細菌由来の**DNAポリメラーゼ**と増幅部両端と同じ塩基配列をもつ**プライマー**とよばれる15～25塩基からなる合成オリゴヌクレオチドを用いてDNAの特定の部位だけを増幅する方法である．あらかじめDNAを精製する必要はなく，細胞に1個しかない標的DNAでも増やして解析できるので，遺伝子の構造や機能の研究などのほか，法医学的な調査や考古学などにも応用されている技術である．また食品分野では食品原料や産地の特定，および汚染された微生物の迅速同定などで用いられている．

2 制限酵素とは

制限酵素は，二重鎖DNA中の特定の塩基配列を認識して，鎖の内部を切断するエンドヌクレアーゼである．細菌が生産し，種によって塩基配列特異性が異なる．遺伝子の構造研究や遺伝子組換え技術のために不可欠な道具として広範に利用されている．

3 PCRの原理

A. PCR

PCRは特定のDNA断片だけを，試験管の中で増やす反応であると述べた．DNA合成を行うDNAポリメラーゼは，鋳型鎖となる一本鎖DNAにプライマー（短いポリヌクレオチド鎖）が塩基対合したとき，鋳型鎖の塩基配列情報をもとにプライマーの3′-末端側に正しいデオキシリボヌクレオチドを重合する性質をもつ．PCRでは，**鋳型となるDNA**，増幅させたい領域を挟むように設計された**2本のプライマー**，A，G，T，Cの4種類の三リン酸化体の**デオキシリボヌクレオチド**，および耐熱性の**DNAポリメラーゼ**を1本のプラスチックチューブ（試験管）に入れる．そして94～98℃（DNAの変性，二本鎖DNAを一本鎖にほどく），55～60℃（鋳型DNAとプライマーのアニール），65～72℃（DNA伸長反応）の3ステップの温度変化（1ステップあたり10～60秒程度）を25～40サイクルくり返す（図1）．温度変化1サイクルあたり，2本のプライマーで挟まれた領域のDNAが2倍に増幅される．理論的には，20サイクルで2^{20}（1,048,576）倍に，30サイクルで2^{30}（1,073,741,824）倍に増幅される計算になるが，初期および後期のサイクルでは理論通り増幅されないため，S字状（シグモイドカーブ）の増幅曲線が描かれる．

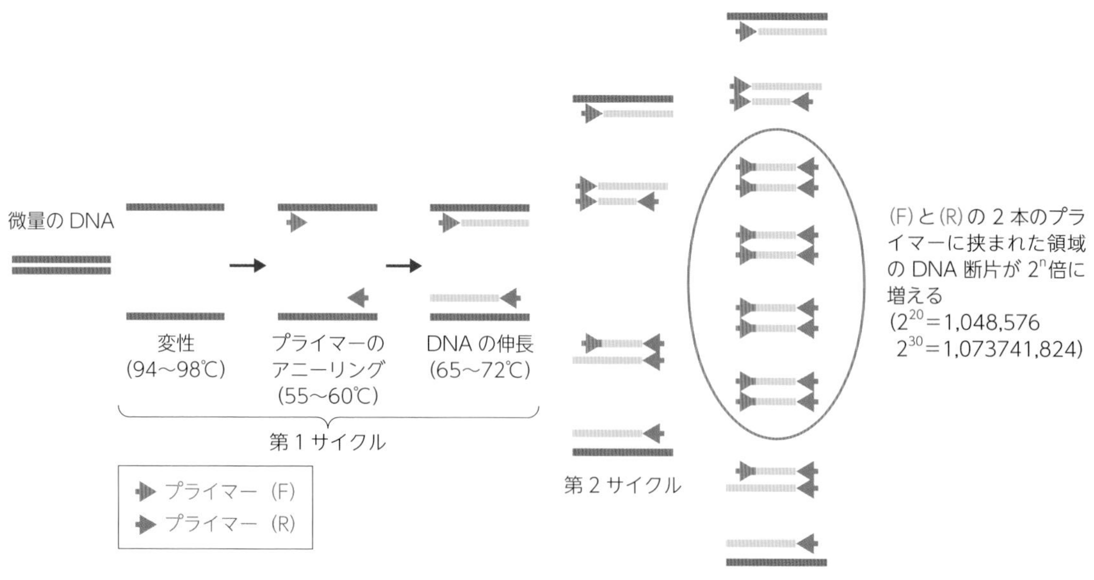

図1 PCR増幅の原理
変性，プライマーとの会合，DNAの伸長の3ステップを1サイクルの反応とすると，2本のプライマーに挟まれた領域がnサイクルの反応で2^n倍に増幅される．

B. 制限酵素

二重らせんDNA鎖にある特定の塩基配列を認識し，DNA鎖内部を切断する酵素（エンドヌクレアーゼ）であると述べた．例えば，6塩基の並びを認識する制限酵素（*Hind* IIIなど）は，平均4^6（4,096）塩基に1カ所の割合でDNAを切断することができる．

C. 制限酵素断片長多型法

restriction fragment length polymorphism（RFLP）．一塩基多型（single nucleotide polymorphism：SNP）●を調べる方法の1つである．PCRで増幅したDNA断片を制限酵素で消化すると，SNPの部分の配列で切断されたり，切断されなかったりする．この切断の違いでSNP型を調べる．

●「生化学」p.207～208参照

PCRと制限酵素を使用した*ALDH2*遺伝子多型の検出とアルコール感受性

概要図

目的

アルデヒド脱水素酵素Zをコードする*ALDH2*遺伝子の一塩基多型（rs671）の活性型（G）と不活性型（A）をPCR増幅DNA断片の制限酵素による切断の違いを利用して調べる

方法

① 毛根細胞の溶解物を鋳型としてrs671を含む領域のDNA断片をPCRにより増幅する
② PCRで増幅したDNA断片を制限酵素*Acu* Iと反応させ，反応産物をアガロースDNA電気泳動で展開する．制限酵素による消化の差で，rs671のSNP型を判断する

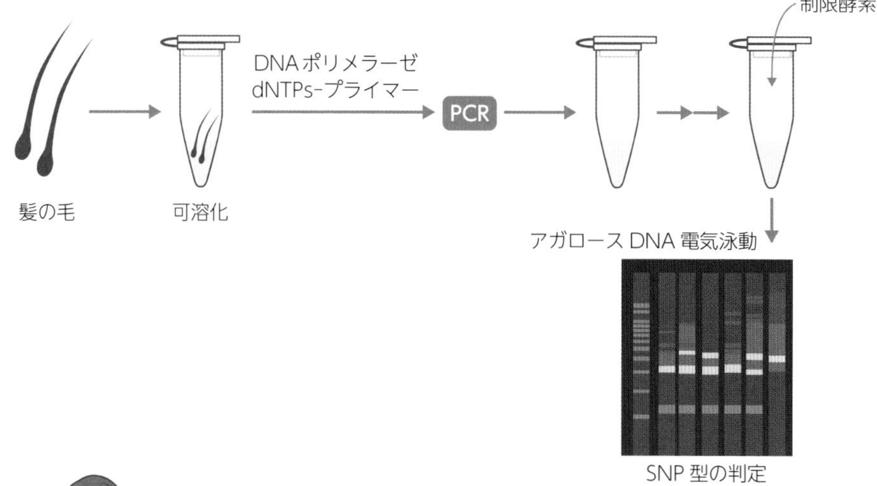

PCR増幅DNA断片の制限酵素消化のパターンの違いで，GG（活性）型，GA（活性低下）型，AA（不活性）型を判定する

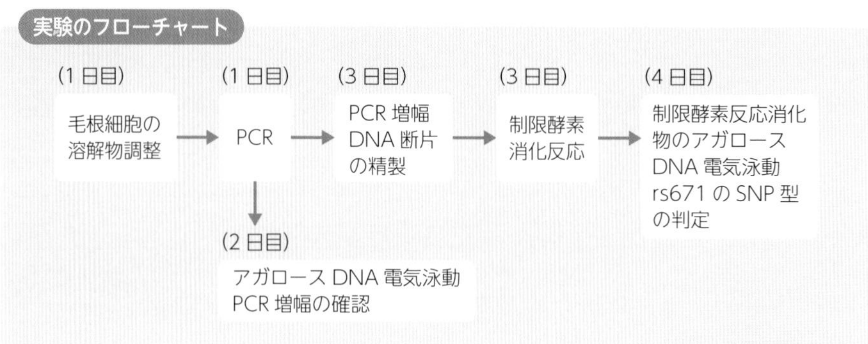

目的

- PCRの原理を理解し，アルデヒド脱水素酵素2（*ALDH2*）遺伝子断片を増幅する．
- 塩基配列特異的なDNA切断酵素（エンドヌクレアーゼ）である制限酵素を理解する．
- *ALDH2*遺伝子がコードするタンパク質の活性に影響を与える遺伝子のSNP（rs671）を制限酵素の切断のされ方の違いを利用して調べる．
- *ALDH2*遺伝子のSNP（rs671）とアルコール感受性の関連をアルコールパッチテスト※1で調べる．

※1　**アルコールパッチテスト**
絆創膏やガーゼにアルコールを染み込ませて，しばらく肌に貼り，はがしたあとの肌の赤みによってお酒を飲める体質かどうかを判断する方法である．お酒に弱い体質は，モンゴロイド特有であり，*ALDH2*遺伝子のSNP（rs671）により決定される．

A. 本実験で使用する鋳型DNAサンプルについて

本実験では，アルコール代謝にかかわる遺伝子のSNPを調べる．「学生自身の」または「教員があらかじめ用意した」どちらかの鋳型DNAサンプルを使用する．DNA塩基配列情報は個人情報となる．「学生自身の」DNAを使用する場合には，遺伝的な体質として飲酒に対する感受性が高い（少量のお酒で酔いやすい）か，低い（悪酔いしにくい）かを知ることができる．一方で，「学生自身の」DNAを使用する場合には，自身の遺伝子の情報を他の実験参加者に知られる可能性（不利益）がある．学生の鋳型DNAサンプルを用いて本実験を実施する場合には，大学の「人を対象とする研究倫理委員会（または同等の審査委員会）」より承認得る手続き（教員が大学に申請する）と，本実験に関して，自らのDNAサンプルの使用に同意する手続き（参加学生が教員に同意書を提出）が必要となるケースがある（大学のルールに従う）．

1 実験1日目：鋳型DNAサンプルの調製とPCR反応

試薬

表1 試薬の一覧

試薬名	1グループ（4人）あたりの量	1グループあたりの事前準備	自由筆記欄
50 mmol/L NaOH 溶液＊1	80 μL + 20 μL（予備）	試薬100 μLをオートクレーブ滅菌した1.5 mLチューブに入れる	
1.0 mol/L Tris-HCl（pH8.0）溶液＊2	8 μL + 12 μL（予備）	試薬20 μLをオートクレーブ滅菌した1.5 mLチューブに入れる	
PCR反応ミックス＊3	48 μL × 4本	あらかじめ，200 μL PCRチューブに48 μLずつ分注し，冷蔵庫に保管しておく（～2日くらいまで可）	

＊1　NaOH 1.00 gをオートクレーブ滅菌した純水に溶解し，500 mLにする.
＊2　市販の滅菌された1 mol/L Tris-HCl（pH8.0）〔ニッポン・ジーン社（312-90061）など〕を購入するか，自作の水溶液をオートクレーブ滅菌する.
＊3　表2参照.

器具・機器

- □ ピンセット
- □ はさみ
- □ ラップ（ポリ塩化ビニリデン製のものが使い易い）
- □ 使い捨て手袋
- □ エタノールワイプ（消毒用エタノールをしみ込ませたペーパータオル）
- □ 1.5 mLチューブ（鋳型DNA調製用，オートクレーブ滅菌したもの），0.2 mLチューブ（PCR反応用）
- □ 1.5 mL用チューブスタンド，0.2 mL用チューブスタンド
- □ マイクロピペット（10 μL，100 μL，1,000 μL）およびチップ（オートクレーブ滅菌・乾燥済みのもの，またはDNase，RNaseフリーのもの）※2
- □ 1.5 mLチューブ用ドライインキュベーター（95℃に加温しておく）
- □ 1.5 mLチューブ用遠心機
- □ 200 μLチューブ用遠心機
- □ PCR装置

※2　ヌクレアーゼの混入による試料DNAの分解を防ぐ.

操作

A. 鋳型DNAサンプルの調製

※手袋を着用し，白衣は長袖で実験を行う❶.

❶ ラップを実験台の上に敷く.

↓

❷ エタノールワイプで，ピンセットおよびはさみを拭き，ラップの上に置く.

↓

❸ 1.5 mLのマイクロ遠心チューブにマジックでID（学籍番号下3桁など）を記入する.

↓

❹ 髪の毛の根元の部分をもって抜く．**毛球**，**毛根鞘**（もうこんしょう）（図2）を含む髪の毛を3～5本用意する〔数本の髪の毛をまとめて根元から勢いよくまっすぐ引っ張る．または，毛抜きを使って根元から抜くと得やすい．頭頂部から毛球や毛根鞘を含む髪の毛が得られない場合，こめかみ（少々痛い）から抜くと良い〕.

↓

❺ 1.5 mLのマイクロ遠心チューブの蓋を開ける.

↓

❻ ピンセットで髪の毛の毛根から2 cm程度離れたところをつかみ，マイクロ遠心チューブに毛根部分が入るようにセットする．はさみで髪の毛をカットし，毛根部分をマイクロ遠心チューブに入れる（長さ1 cm程度）．3～5本分の毛根部分をマイクロ遠心チューブに入れる❷.

↓

❼ 50 mmol/L NaOH溶液18 μLをマイクロ遠心チューブに入れる．ピペットチップの先端部を使い，毛球側がNaOH溶液に浸るように髪の毛を移動させる.

↓

❽ 95℃のドライインキュベーターに入れ，10分間インキュベートする.

↓

❾ 遠心により，髪の毛および溶液をチューブの底に落とす.

↓

❿ 2 μLの1 mol/L Tris-HCl（pH8.0）溶液を入れ，試験管ミキサーで混合する．もう一度遠心を行い，溶液をチューブの底に落とす（以下，この溶液を鋳型DNA溶液とする．4℃で保存する）.

❶注意　隣の人の試験管に手垢や皮膚片が混入するのを防ぐため．PCRは感度が高いため，ごく少量の混入でも実験結果に影響を及ぼす.

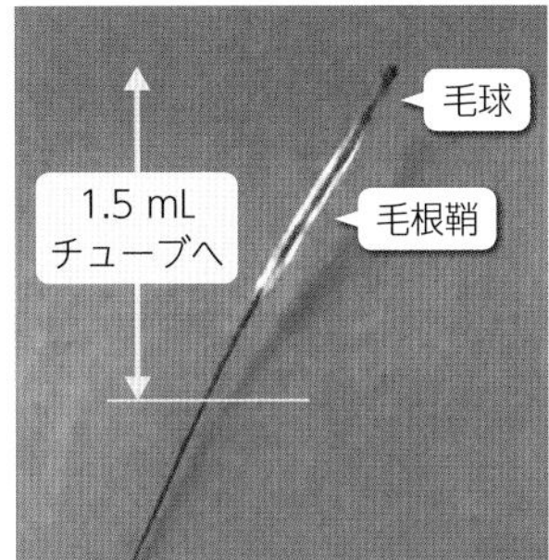

図2　頭髪の毛根部分

❷注意　静電気により毛髪がチューブの横壁に付着することがあるので注意.

髪の毛のカット等

第11章 PCRと制限酵素

B. PCR

❶ 表2の組成の反応ミックス液をサンプル数＋1〜2人分調製する（滅菌チューブに調製する）．200 μLのチューブに48 μLずつ分注し，実験直前まで4℃で保管しておく（当日または前日に行う）．

表2 PCR反応ミックスの調製

試薬（μL）	（1反応分）	（10反応分）	（25反応分）
滅菌MQ水＊1	11.4	114	285
2×反応用緩衝液（KOD FX neo用）＊2	25	250	625
2 mmol/L each dNTPs混合液＊2	10	100	250
50 μmol/L rs671 Primer F＊3	0.3	3	7.5
50 μmol/L rs671 Primer R＊3	0.3	3	7.5
KOD FX neo DNAポリメラーゼ（1 U/ μL）＊2❸	1	10	25
合計	48	480	1,200

＊1 超純水をオートクレーブ滅菌したもの．または，分子生物学用のDNaseフリー，RNaseフリーの超純水．例えば，Distilled Water，Deionized，Sterile（ニッポン・ジーン社：316-90101）など．
＊2 KOD-FX neo（東洋紡社：KFX-201）を用いる．専用の2×反応用緩衝液と2 mmol/L each dNTPs混合液は，付属品として含まれる．
＊3 rs671 Primer F：5′-TCA ACT GCT ATG ATG TGT TTG G-3′
rs671 Primer R：5′-GGT CTT TAC CCT CTC TTG TCA CT-3′
（カスタムオリゴは，逆相カラム精製グレードを使用する．発注時に50 μmol/Lの濃度を指定する）

❸注意 一般的なTaq DNAポリメラーゼでは，前項Aの方法で調整した鋳型DNAサンプルを用いてPCR増幅できない．

⬇

❷ 48 μLの反応ミックス液が入った200 μLのPCRチューブを受けとり，チューブの横面にマジックでID（学籍番号下3桁など）を記す．

⬇

❸ 2 μLの鋳型DNA溶液を反応ミックス液に加える．2〜3回ピペッティングで混合する（加熱により反応液が対流するので，しっかりと混合する必要はない）．

⬇

❹ PCR装置に200 μLチューブをセットし，次の増幅条件（表3）で増幅反応を行う．

表3 PCR反応の条件

ステップ	温度（℃）	時間（分：秒）	サイクル数
最初の変性	94	2：00	1
変性	98	0：10	40
アニーリング	60	0：30	
伸長	68	1：00	
最後の伸長	68	10：00	1
冷却	4	10：00	

⬇

❺ 増幅反応は，2〜2.5時間を要する（PCR装置の性能によって異なる）．反応が終了後したら，200 μLチューブをPCR装置から取り出し，次の実験日まで冷凍庫（−20℃）で保存する．

2 実験2日目：アガロース電気泳動による増幅DNAの確認

試薬

表4 試薬の一覧

試薬名	1グループ（4人）あたりの量	1グループあたりの事前準備	自由筆記欄
0.5 × TBE *1	泳動槽1台あたり約400 mL（ゲル調製分も含む）		
1.5 %アガロース-TBEゲル *2	22ウェルのゲル（ゲル大）は4グループ分，9ウェルのゲル）（ゲル小）は2グループ分	実験当日に，必要枚数分を調製する．ゲル化した後，冷蔵庫で30～60分冷やすとよい	
PCR反応液	各々5 μL	実験1日目のPCR反応液を室温で融解しておく	
DNAローディング液Ⅰ（DNA検出用蛍光色素含有）*3	20 μL + 10 μL（予備）	試薬30 μLを1.5 mLチューブに入れる	
100 bp DNAラダー（ニッポン・ジーン316-06951など）	ゲル1枚あたり3 μL	試薬3 μLを5 μLのDNAローディング液Ⅰと混合する	
消毒用エタノール（75～80 %エタノール含有，2-プロパノール非含有のもの）	240 μL + 160 μL（予備）	試薬400 μLを1.5 mLチューブに入れる	

＊1 市販の10 × TBE（たとえば，同仁化学研究所社：344-07511）を純水で20倍に希釈する．10 × TBEは他書を参考に自作しても良い．
＊2 市販の電気泳動グレードのアガロース（たとえば，ピーエイチジャパン社：PH108）1.5 gを100 mLの0.5 × TBE中に加熱溶解し，60℃に冷却後，黒色のゲルトレイ上でゲル化させる．ゲル大は25～30 mL，ゲル小は12～15 mLが目安．
＊3 表5参照．

表5 DNAローディング液Ⅰ

試薬（μL）	5	50	250
10 × dye *1	1	10	50
Ultra Power DNAセーフダイ *2	0.1	1	5
0.5 × TBE	3.9	39	195
合計	5	50	250

＊1 市販品（ニッポン・ジーン社：313-90111など）を用いる．他書を参考に自作しても良い．
＊2 ジェレックス インターナショナル社製UPN1000．他社から同等品が販売されている．

器具・機器

- □ 1.5 mLチューブ（電気泳動サンプル調製用）　1本/人
- □ 1.5 mL用チューブスタンド，0.2 mL用チューブスタンド（PCR反応物用）
- □ マイクロピペット（10 μL，100 μL）およびピペットチップ（滅菌済みのもの）
- □ 絆創膏
- □ アガロース電気泳動槽（WEP-S，ジェレックス インターナショナル社製．黒色ゲルトレイが標準附属品としてついてくる，後述図3右上）
- □ バンドピーパー（RT-161：ジェレックス インターナショナル社製）/リアルタイムバンドみえーる（296-34971：富士フイルム和光純薬社製），または同等のもの

操作

電気泳動

A. 電気泳動（図3）

❶ 0.5 × TBEを泳動槽に入れ1.5 %アガロース-TBEゲルをセットする．

↓

❷ 1.5 mLチューブにDNAローディング液Ⅰを5 μL入れる．

↓

❸ ❷のチューブに5 μLのPCR増幅液を加え，ピペッティングで撹拌する（残りの45 μLのPCR増幅液は再び－20℃で保存し，実験3日目に使用する）．

↓

❹ 100 bpラダーをゲルの左端のウェルに入れる（アプライするという）．

↓

❺ ❸の混合液をゲルのウェルにアプライする．

↓

❻ 泳動槽の蓋をして100 Vで30分間電気泳動する．

↓

❼ 蓋を外してバンドピーパーをセットする❹．ゲルを照射し，DNAバンドを確認する（スマートフォンなどで写真撮影する）．

❹注意　LEDトランスイルミネーターを用いるときは，ゲルを泳動槽から取り出し，トランスイルミネーターの上に置いてから，オレンジ色のフィルターを被せ，電源を入れて観察する．

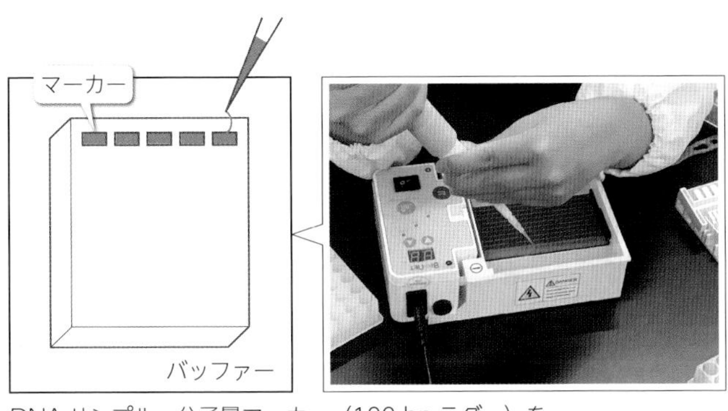

DNA サンプル，分子量マーカー（100 bp ラダー）を
電気泳動槽にセットしたアガロースゲルにアプライ

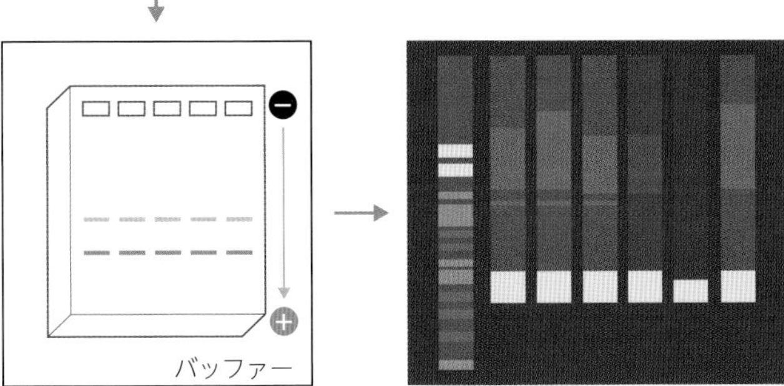

電気泳動槽に電流を流し泳動を行う

青色 LED（470 mm）照射下，琥珀食フィルターを通して DNA のバンドを観察

図3 **DNA アガロースゲル電気泳動**

B. アルコールパッチテスト

※電気泳動の間に実施する．

❶ 絆創膏のガーゼの部分に消毒用エタノール 60 μL をしみこませる．

⬇

❷ 上腕部内側（肘の折り曲げ箇所から 5 cm 程度肩側に移動したところ）に貼る．

⬇

❸ 7 分後に絆創膏をはがして観察する．

→ 赤：DD 型[※3]，お酒を飲めない

⬇

❹ さらに 10 分間後にはがした場所を観察する．

→ 白から赤に変わった：ND 型，お酒に弱い

→ 白いまま変わらない：NN 型，お酒に強い

※3 N（normal，正常）と D（deficient，欠損）は，酵素活性（phenotype，表現型）に基づいた分類である．

3 実験3日目：PCR産物の精製と制限酵素反応

試薬

表6 試薬の一覧

試薬名	1グループ（4人）あたりの量	1グループあたりの事前準備	自由筆記欄
PCR反応液	各々45 μL	実験1日目のPCR反応液を室温で融解しておく	
滅菌MQ水＊1	220 μL＋180 μL（予備）	試薬30 μLを滅菌された1.5 mLチューブに入れる	
Buffer NTI（黄色い溶液）＊2	800 μL＋400 μL（予備）		
Wash Buffer NT3＊3	2,800 μL＋700 μL	試薬3.5 mLを滅菌試験管，または滅菌された1.5 mLチューブ3本に入れる	
Buffer NE＊4	100 μL＋40 μL（予備）	試薬140 μLを滅菌された1.5 mLチューブに入れる	
制限酵素反応ミックス＊5	32 μL＋8 μL（予備）	使用の直前に調製する．1.5 mLチューブに試薬40 μLずつ分注し，冷蔵庫で一時保管しておく	

＊1　表2の＊1参照.
＊2〜4　NucleoSpin Gel and PCR Clean-up（マッハライ・ナーゲル社製，タカラバイオ社：U0609B）を使用. NucleoSpin Gel and PCR Clean-upスピンカラムもセットで入っている.
＊5　表2参照.

器具・機器

- □ 1.5 mLチューブ（PCRサンプル希釈用，精製DNA回収用）2本/人
- □ 1.5 mL用チューブスタンド，0.2 mL用チューブスタンド（制限酵素反応用）
- □ NucleoSpin Gel and PCR Clean-upスピンカラム（タカラバイオ社，コレクションチューブにセットしたもの，図4）
- □ マイクロピペット（10 μL，100 μL）およびマイクロチップ（滅菌済みのもの）
- □ 試験管ミキサー
- □ 1.5 mLチューブ用遠心機（11,000 × gで遠心できるもの）
- □ 200 μLチューブ用遠心機
- □ 37 ℃恒温インキュベーター（PCR装置で代用可）

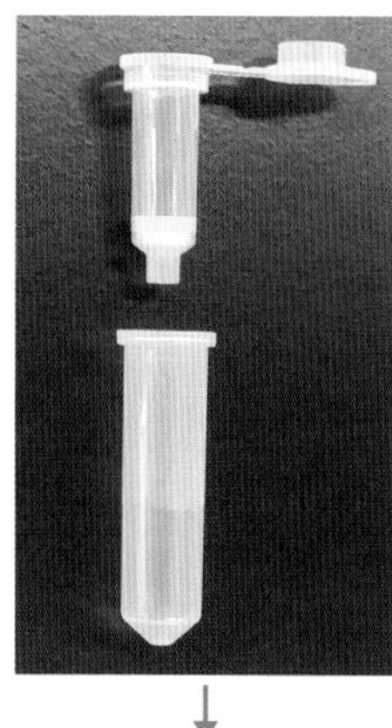

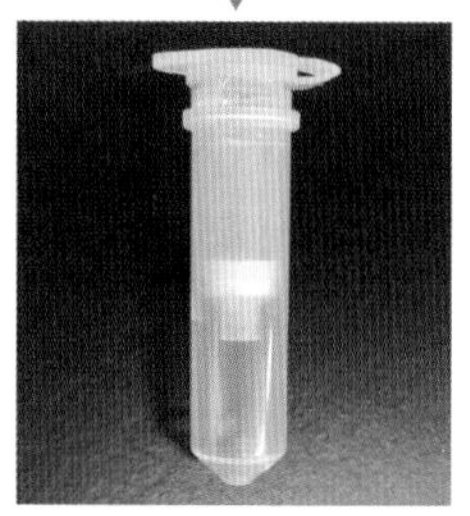

図4 **スピンカラム**

操作

A. PCR産物の精製（図5）

❶ 1.5 mLマイクロチューブの蓋にマジックでIDを記入する．次いで，200 μLのBuffer NTI（黄色い溶液）を加える．

⬇

❷ 残りのPCR反応液45 μLに55 μLの滅菌MQ水を加え，ピペッティングで混合する．次いで，❶の1.5 mLチューブに移し，試験管ミキサーで混合する．

⬇

❸ コレクションチューブ（2 mL）にセットしたNucleoSpin Gel and PCR Clean-upスピンカラムの蓋にマジックでID（学籍番号下3桁など）を記入する．

⬇

❹ ❷の溶液をカラムに添加し，11,000 × g，30秒間遠心する（結合：DNA断片は，カラムに結合する）．

⬇

❺ ろ液（カラムを通過してコレクションチューブに回収された液）を除いた後，同じコレクションチューブにカラムをセットする．

⬇

❻ 700 μLのWash Buffer NT3をカラムに添加し，11,000 × gで30秒間遠心する（洗浄：カラムに残存した不純物を洗い流す）．

⬇

❼ ろ液を除いた後，同じコレクションチューブにカラムをセットする．

⬇

❽ カラムを，11,000 × gで1分間遠心する．

⬇

図5 **PCR産物の精製**

❾ カラムを新しい1.5 mLチューブ（精製DNA回収用）にセットする．

⬇

❿ 25 μLのBuffer NEをカラムに加え，室温で1分間インキュベートした後，11,000×gで1分間遠心する（溶出：カラムに結合したDNAを1.5 mLチューブに溶出させる）．

⬇

⓫ 1.5 mLチューブに回収された溶液を精製DNA溶液とする（次項B）の実験で使用する．4日目の実験結果が得られるまで，−20℃で保存しておく）．

B. 制限酵素反応

❶ 表7の組成の反応ミックス液を調製する（滅菌チューブに調製する）❺．1.5 mLのチューブに（1グループ人数＋1）×8 μLずつ分注し，実験直前まで4℃で保管しておく

❺注意　当日の実験授業開始前に，滅菌MQ水と10×反応用緩衝液を1.5 mLチューブに混合して，冷蔵庫で保管しておく．カラムからDNAの溶出のステップに入ったら，制限酵素を加えて分注し，使用直前まで再び冷蔵庫で保管する．

表7　制限酵素反応ミックスの調製

試薬（μL）	（1反応分）	（10反応分）	（50反応分）
滅菌MQ水＊1	6.5	65	325
10×反応用緩衝液＊2	1	10	50
制限酵素*Acu* I（NEB）（5 U/μL）＊2	0.5	5	25
合計	8	80	400

＊1　表2の＊1参照．
＊2　New England Biolabs Japan（NEB）社のものを使用．10×反応用緩衝液は，酵素の附属品として添付される．NEB社の*Acu* I酵素液には，あらかじめ補酵素が含まれている．他社の*Acu* Iを使用する場合には，添付の説明文書に従って取り扱う．

⬇

❷ 制限酵素反応ミックスの入った200 μLのPCRチューブの横面にマジックでIDを書く．次いで，2 μLの精製DNA溶液をチューブの底に入れる．

⬇

❸ 8 μL制限酵素反応液を加え，ピペッティングで混合する．

⬇

❹ チューブを遠心し，反応液をチューブの底に落とす．

⬇

❺ 37℃の恒温インキュベーターの中で，一晩制限酵素消化反応を行う❻．

⬇

❻ 反応が終了したら，制限酵素反応液を冷凍庫（−20℃）で保存する．

❻注意　直鎖状の短いDNAは，プラスミドDNAに比べて制限酵素で切断されにくい．筆者の経験では，3時間程度の反応でも大丈夫だったが，反応液中のDNA量によっても完全消化に要する時間は変化する．予備実験で確認しておく．

実験4日目：制限酵素処理DNAサンプルのアガロース電気泳動とSNP型の判定

試薬

表8　試薬の一覧

試薬名	1グループ（4人）あたりの量	1グループあたりの事前準備	自由筆記欄
0.5 × TBE＊1	泳動槽1台あたり約400 mL（ゲル調製分も含む）		
2.0 % Agarose 21-TBEゲル＊2	22ウェルのゲル（ゲル大）は4グループ分，9ウェルのゲル）（ゲル小）は2グループ分	実験当日に，必要枚数分を調製する．ゲル化した後，冷蔵庫で30～60分冷やすとよい	
制限酵素反応液	各々10 μL	実験3日目の制限酵素反応液を室温で融解しておく	
DNAローディング液Ⅱ（DNA検出用蛍光色素含有）＊3	4 μL＋4 μL（予備）	試薬8 μLを1.5 mLチューブに入れる	
100 bp DNAラダー（ニッポン・ジーン社：316-06951など）	ゲル1枚あたり3 μL	試薬3 μLを1 μLのDNAローディング液Ⅰ，6 μLの0.5 × TBEと混合する	
消毒用エタノール（75～80 %エタノール含有，2-プロパノール非含有のもの）	240 μL＋160 μL（予備）	試薬400 μLを1.5 mLチューブに入れる	

＊1　市販の10 × TBE（たとえば，同仁化学研究所社：344-07511）を純水で20倍に希釈する．10 × TBEは他書を参考に自作しても良い（表4に同じ）．
＊2　低分子量核酸分離用のAgarose 21（ニッポン・ジーン社：313-03242）2.0 gを100 mLの0.5 × TBE中に加熱溶解し，60℃に冷却後，黒色のゲルトレイ上でゲル化させる．ゲル大は25～30 mL，ゲル小は12～15 mLが目安．
＊3　表9参照．

表9　DNAローディング液Ⅱ

試薬（μL）	（1反応分）	（10反応分）	（50反応分）
10 × dye＊1	0.9	9	45
Ultra Power DNA safe Dye＊2	0.1	1	5
合計	1	10	50

＊1　市販品（ニッポン・ジーン社：313-90111など）を用いる．他書を参考に自作しても良い．
＊2　ジェレックス インターナショナル社製UPN1000．他社から同等品が販売されている．

器具・機器

- □ 1.5 mL用チューブスタンド（DNAローディング液Ⅱ用），0.2 mL用チューブスタンド（PCR反応物用）
- □ マイクロピペット（10 μL）およびピペットチップ（滅菌済みのもの）
- □ 200 μLチューブ用遠心機
- □ アガロース電気泳動槽（WEP-S，ジェレックス インターナショナル社

製．黒色ゲルトレイが標準附属品としてついてくる）

☐ バンドピーパー（RT-161：ジェレックス インターナショナル社製）/リアルタイムバンドみえーる（296-34971：富士フイルム和光純薬社製），または同等のもの

操作

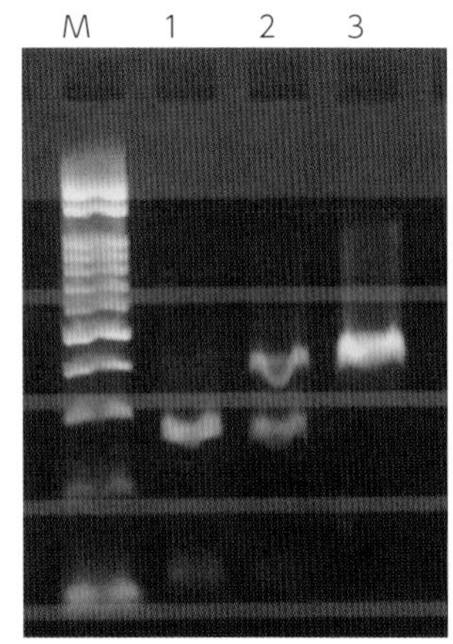

図6 制限酵素処理後のDNAアガロース電気泳動
Mは100 bpラダーDNAマーカー，1〜3はそれぞれ異なる遺伝子型サンプル．2はGAヘテロ．

A. RFLP電気泳動解析

❶ 0.5 × TBEを泳動槽に入れ，2.0 % Agarose 21-TBEゲルをセットする．

⬇

❷ 制限酵素反応液に1 μLの染色液2を加え，タッピングで混合する．遠心をかけて反応液をチューブの底に落とす．

⬇

❸ 100 bpラダーをゲルの左端のウェルにアプライする．

⬇

❹ ❷の混合液をゲルのウェルにアプライする．

⬇

❺ 100 Vで30分間電気泳動する．

⬇

❻ バンドピーパーでゲルを照射し，DNAバンドを確認する（写真撮影する，図6）．

B. 鋳型DNAの加水分解および精製DNAの廃棄

❶ 1〜4日目の実験すべてが終了したら，1日目に調製した鋳型DNA溶液および精製DNAに400 μLの1 mol/L塩酸を加え，15分以上放置してDNAを加水分解させ，遺伝情報を破壊する．廃液は，1 mol/L NaOH溶液で中和後に捨てる．

課題

1）制限酵素*Acu* Iが切断する塩基配列を調べなさい．

2）図7は，*ALDH2*遺伝子のrs671 SNP型を中心とした1,001塩基のDNA塩基配列を示す．図中のRは，G（野生型）またはA（変異型，活性をもたない）であり，DNA塩基配列の個人差をもつ箇所である．黄色マーカーはFプライマーの配列，緑色マーカーはRプライマーと相補的塩基対を形成する配列である（図7）．

① PCR反応で増幅されるDNA断片の長さは，何bpか？

② PCR増幅断片中に，制限酵素*Acu* Iで認識される部位は，R＝G（野生型）のとき，R＝A（変異型）のときのどちらにあるか？また，どこで切断されるか？

3）アガロース電気泳動が，DNA断片長の違いで分離できる原理を説明しなさい.

4）rs671遺伝子多型は，G/G（野生型ホモ），G/A（ヘテロ），A/A（変異型ホモ）の3通りの遺伝型をもつ人がいる．*Acu* I処理後に電気泳動を行うと，どのような泳動パターンになるか説明しなさい.

5）rs671遺伝子多型解析とアルコールパッチテストの結果との関連はどのようになったか？

6）rs671以外で，（栄養）代謝に影響を与える遺伝子のSNPを1つとり上げ，簡単にまとめなさい.

```
AGGCATAGTG GCACATACTT GTTATCTTAA CTACTTGGGA GGCTGAGGCA GGAGGATCAC
TGAAGACCAG GAGTTGGAGA CCAGCCTGGG TAACATAATC AGACCCTGTC TCTTAAAAAA
AAATTTATTG CCAGGCGTGG TTGCACGTGC TGGTAGTCCA GCTACTCAGG AAGCTGAGGC
AGGAGAATCT CTTGAACCCC AGATGTGGAG GTTGCAACGA GCCAAGATCA TGCCATGGCA
ACTCCAGCCT GGGCAACAGA GAAAGATTCT ATCTCAAAAA AAAAAATTTT TTTTTAAGTT
AAAAATAAAA TAAAGACTTT GGGGCAATAC AGGGGGTCCT GGGAGTGTAA CCCATAACCC
CCAAGAGTGA TTTCTGCAAT CTCGTTTCAA ATTACAGGGT CAACTGCTAT GATGTGTTTG
GAGCCCAGTC ACCCTTTGGT GGCTACAAGA TGTCGGGGAG TGGCCGGGAG TTGGGCGAGT
ACGGGCTGCA GGCATACACT
R
                    ▼
AAGTGAAAAC TGTGAGTGTG GGACCTGCTG GGGGCTCAGG GCCTGTTGGG GCTTGAGGGT
CTGCTGGTGG CTCGGAGCCT GCTGGGGGAT TGGGGTCTGT TGGGGGCTCG GGGCCTGCCA
GAGGTTCAGG ACCTGCCGGG GACTCAGGGC CTGCTGGAAG TTCAGGACCT GCTGGGGATC
AGGGCCTGCC AGGGATTTAG GGTCTGCTGG GCGGGCCACC TTTTGGCCTC TCCCTCATGC
TTGAGGCCAT CAGTGTTTCC TACTAATTTC CCATTTTAAG CCTGAGAAGT GACAAGAGAG
GGTAAAGACC CAGCCTCTGC TCTGTCCCAT GAGAAATACT GAGGGACGTG CCCCCATCAG
GCCTATGCGG TCATTTGCTG GGCTTCGTTA TACGCCAAGG CCTGTAGGCC TGAGAAGAGG
GAGAGACTTC AGGGGGCGGA GCGGAGAGGA AAAGCTTCTA GTAAGAATCT TTTCAGATTT
TCACCAGGCG CGGTGGCTTT
```

図7 rs671 SNP塩基（赤色）を含む前後500塩基のDNA配列

RがGの場合は野生型（活性有），Aの場合は変異型（活性無）である.
dbSNP rs671（https://www.ncbi.nlm.nih.gov/snp/rs671#seq_hash）も参照.
矢印は，*Acu* Iで切断される場所である.

第11章 PCRと制限酵素

第12章 抗原抗体反応

Point

1. 1種類の抗体はある特定の抗原のみを認識できる（抗体の特異性）ことを理解する
2. 抗体の特性を利用して，生体試料に含まれるホルモンや病原体を特異的に検出できることを理解する
3. 抗体の特性を利用して，食品中および食品製造ライン中のアレルゲン物質を検出できることを理解する

1 免疫とは

●「生化学」p.234～235参照

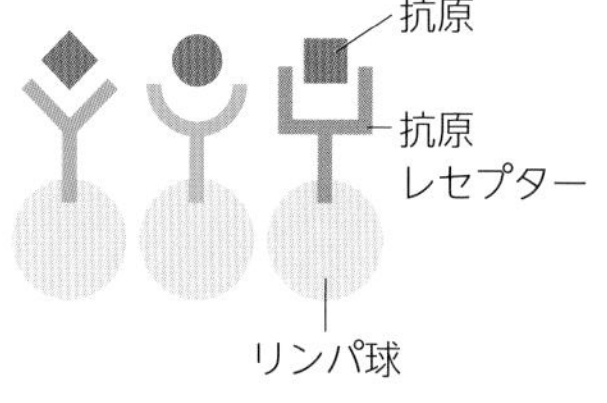

免疫系は，自分（自己）とは異なるもの（非自己・異物）を認識して殺滅することにより，生体を病気から保護し恒常性を維持する（生体の正常な営みを維持する）機構である．免疫系には，非特異的な**自然免疫**と特定の異物にのみ応答する**獲得免疫**がある．獲得免疫系において，非自己を自己と区別する目印となる物質のことを**抗原**（antigen）という．免疫系は，生体内における抗原の出現に対し，それを生体から排除するように行動するが，その中心となっている細胞は，**リンパ球**である．リンパ球は抗原受容体をもっているが，リンパ球ごとに認識できる抗原の構造（または形）は異なっている．

ある特定の「非自己（例えばウイルス）」が体内に侵入してくると，無数の種類のリンパ球のなかからその抗原を認識できるごく少数のクローンの細胞が活性化され，急速に増殖をして「非自己」に対して強く反応できるようにする．活性化されたリンパ球は，抗原が除去された後もしばらくの間，生体内に残り，次回に抗原が侵入してきたときに，より速く，そしてより強く反応できるように備えている．

抗原が微生物やウイルスなどの異物の場合，好中球をはじめとした食細胞がこれらを取り込んで破壊し，消化する．食細胞は微生物が普遍的にもつ物質に対する受容体をもつが，特異性は低い．しかし，活性化されたある種のリンパ球（Bリンパ球という）は，**抗体**（図1）とよばれる可溶型の抗原受容体を大量に放出する．この抗体は「非自己」の目印として作用する．食細胞は，「抗体」に対する受容体ももっており，この受容体を介して，抗体に結合した「抗原（非自己）」を特異的に取り込んで，破壊・消化

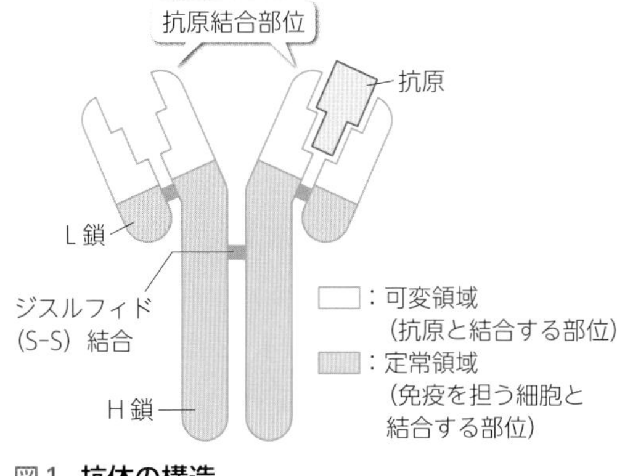

図1 抗体の構造

できるようになる．すなわち，食細胞は「抗体」を介して，非自己を認識する．

2 抗体反応の応用

抗体は，ある特定の「抗原」のみと特異的に結合することができる．この抗体の性質を利用して，試料中に含まれる極微量のタンパク質の検出や定量に利用されている．また，食品中のアレルゲン物質の検出（図2）や，血液中に存在するある特定のウイルス（例：インフルエンザウイルス抗原検査），尿中に分泌されたホルモン（例：hCG，妊娠検査薬，図3）の簡易検出などにも応用されている．図3のオレンジや緑を新型コロナウイルス，測定サンプルを鼻腔スワブ液または唾液に置き換えれば，新型コロナウイルス抗原検査薬の原理になる．

均一にしたサンプルから 1 g 計量
↓
検体希釈液を 39 mL 加え抽出，ろ過
↓
検査試料にテストストリップを 3 秒間つける
↓
水平に静置し，15 分後に判定

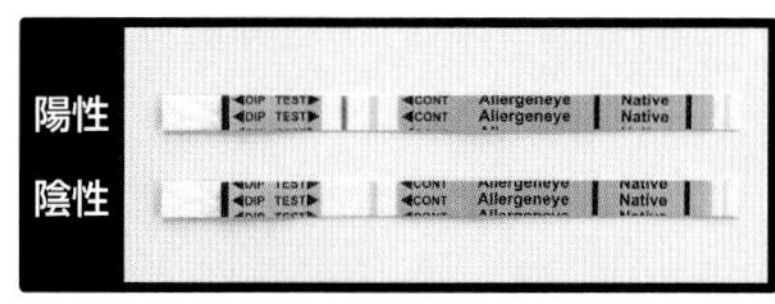

図2 食品中のアレルゲン検査（イムノクロマト法）
プリマハム株式会社「アレルゲンアイ® イムノクロマト　未加熱用　シングルステップ®」（画像提供：プリマハム株式会社）．

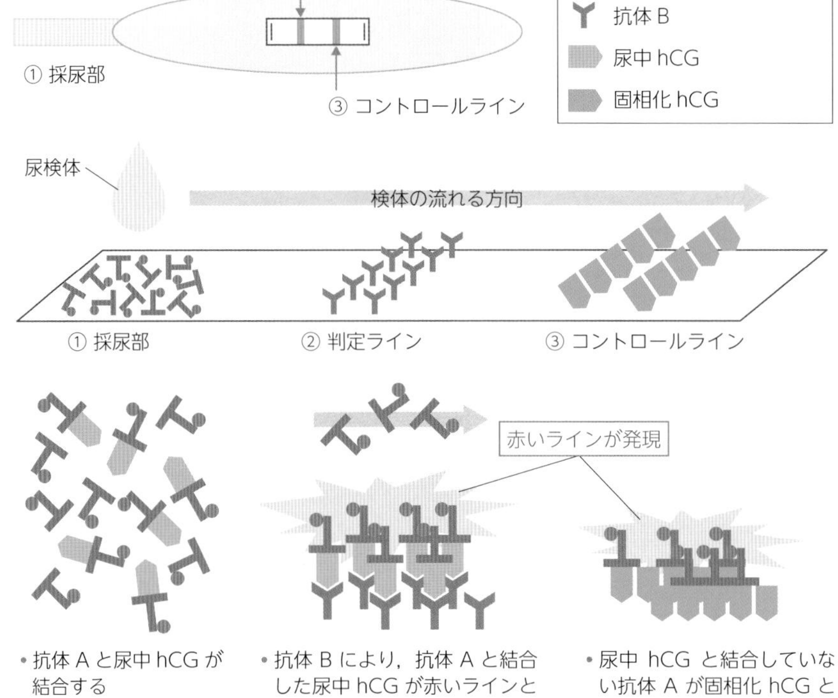

図3 妊娠検査薬の測定原理（イムノクロマト法）

東邦大学医療センター 大森病院臨床検査部「妊娠検査薬で妊娠判定が出来るのはなぜ？ – hCGについて–」(https://www.lab.toho-u.ac.jp/med/omori/kensa/column/column_067.html) より引用.

本章では，抗体の抗原特異的な結合を利用して，試料中に含まれる抗原の検出ができることを学ぶ.

実験12-1 ELISA法による抗原の検出

概要図

目的 ELISA法による抗原検出の原理，抗体の抗原特異性を理解する

方法 市販の教育用ELISAキットを用いて，模擬サンプル中の抗原の陽陰性を判定する

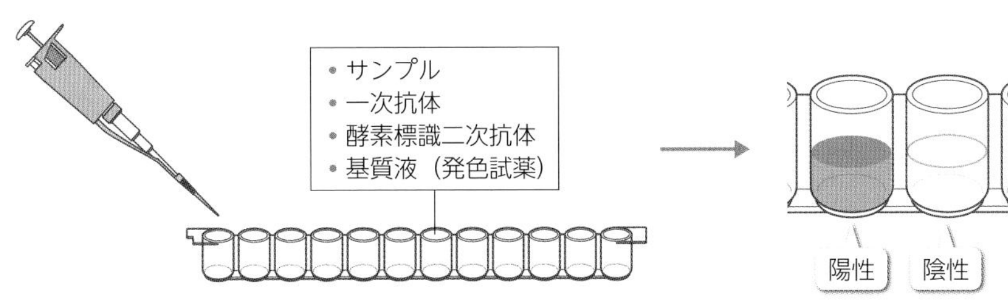

ウェルの青色発色の有無で陽性，陰性を判定する

実験のフローチャート

陽性対照，陰性対照，未知サンプル中のタンパク質のウェル中への結合 → 目的タンパク質に対する抗体（一次抗体）とウェルに結合したタンパク質との抗原抗体反応 → 一次抗体と酵素標識二次抗体との抗原抗体反応 → 二次抗体に結合している酵素による基質の発色反応 → 陽性，陰性の判定

第12章 抗原抗体反応

目的・原理

ELISA法（enzyme-linked immunosorbent assay：固相抗体免疫測定法）による抗原検出を通じて，抗体の抗原特異性について理解する．また，抗体の生体における役割や分析への応用について理解を深める．

1）ELISA法の原理（間接法）

プラスチック製のマイクロプレートに目的タンパク質（抗原）を含む試料中のタンパク質を吸着させて固相化し，目的タンパク質に対する抗体，続けてその抗体に対する酵素標識された二次抗体を反応させ，洗浄後，マイクロプレートに残る酵素活性を比色法により検出する（図4）．本実験では，二次抗体には酵素基質を化学的に変化させて無色の液体から青色の溶液に変える酵素（HRP）が結合している．

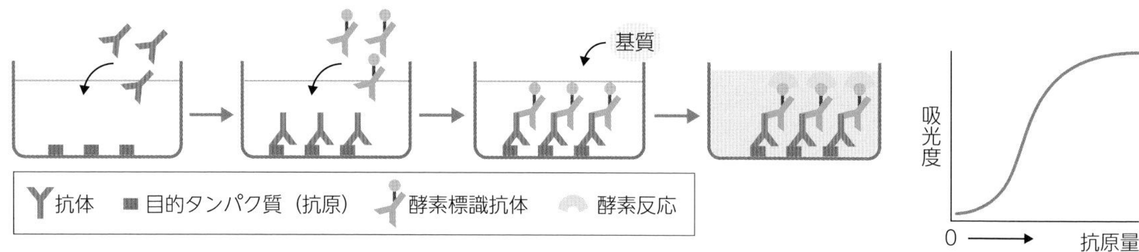

図4 ELISA法による抗原の検出
MBL：「ELISAの原理と方法」（https://ruo.mbl.co.jp/bio/support/method/elisa.html）より引用．

試薬・器具

本書では，ELISAイムノExplorer™キット，1662400JEDU，Bio-Rad社を使用する❶．

❶**注意**　試薬の調製は，Bio-Rad社の教員用マニュアル（M4549-1303D）のプロトコールⅠに従って行う．

❷**注意**　陽性か陰性かはわからないサンプルである．

- ☐ 学生用サンプル（250 μL）（黄色チューブ）　班に4本❷
- ☐ 陽性（＋）対照（500 μL）（紫色チューブ）　班に1本
- ☐ 陰性（−）対照（500 μL）（青色チューブ）　班に1本
- ☐ 一次抗体（①）（1.5 mL）（橙色チューブ）　班に1本
- ☐ 酵素（HRP）標識二次抗体（②）（1.5 mL）（緑色チューブ）　班に1本
- ☐ 酵素反応基質（TMB）（1.5 mL）（茶色チューブ）　班に1本
- ☐ 洗浄液（70～80 mL）　班に1本
- ☐ 12ウェルマイクロプレートストリップ（図5）　班に2本
- ☐ マイクロピペット（100 μL）　班に1本
- ☐ ピペットチップ（黄）　班に1箱
- ☐ ディスポーザブルスポイト　班に2つ
- ☐ ペーパータオル（厚手のタオルの上に薄手のものを重ねて使用）
- ☐ 油性マーカー

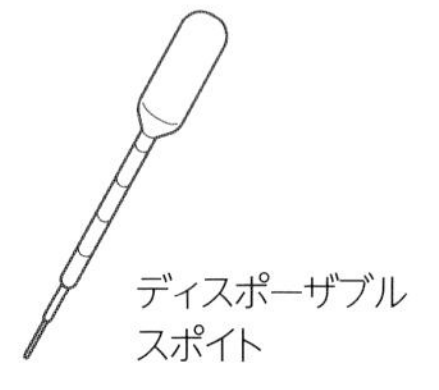

操作

※ELISAイムノExplorer™キット，Bio-Rad社のマニュアルに従う．

❶ 黄色のチューブに各学生の名前（またはサンプル番号）を書く．

⬇

❷ 12ウェルマイクロプレートストリップのウェル（穴）の外壁に印を付ける．1～2名で12ウェルのストリップ1本を共有する．ストリップごとに，最初のウェル3個には陽性コントロール「＋」，次の3個には陰性コントロール「−」を記す．残りのウェルには自分の名前と，ストリップを共同使用するもう一人の学生の名前（サンプル番号）を書いておく（図5）．

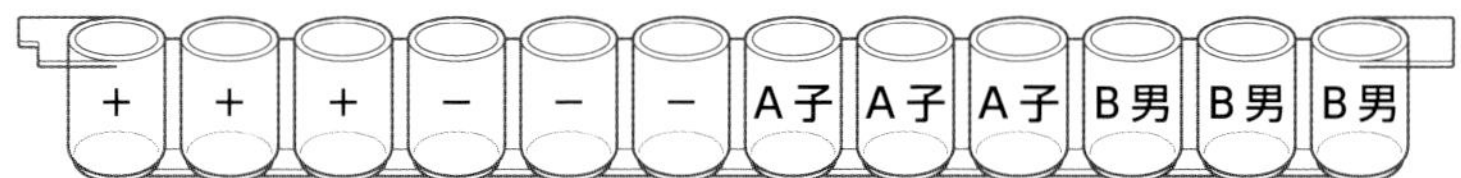

図5　12ウェルマイクロプレートストリップへ分注するサンプル名の記入

❸ 抗原をウェルに結合させる（図6）．

a. マイクロピペットを用いて紫色チューブの陽性コントロール（＋）50 μLを，「＋」印のウェル3個に入れる．

b. 新しいピペット用チップを用いて青色チューブの陰性コントロール（−）50 μLを，「−」印のウェル3個に入れる．

c. 新しいピペット用チップをサンプルごとに用いて，サンプル50 μLをそれぞれ該当する名前を記入したウェル3個に入れる．

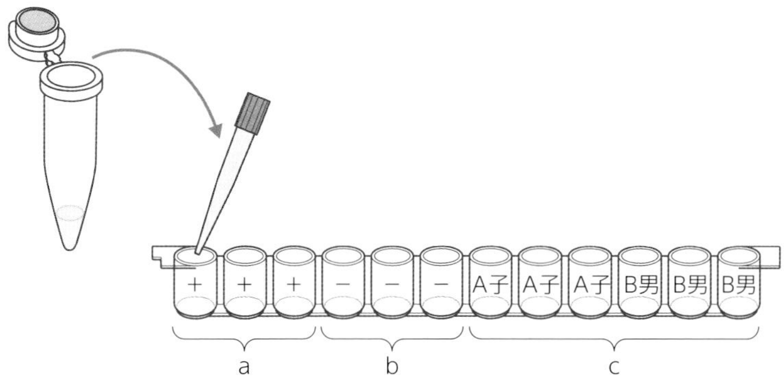

図6　マイクロプレートストリップへの抗原サンプルの分注

⬇

❹ サンプル中のタンパク質がウェルに結合するまで5分間待つ．

⬇

❺ 洗浄する．

a. マイクロプレートストリップをペーパータオル上で上下逆に伏せて，逆さのまま数回指先で叩き，中の液体を取り除く（図7）．

b. 上部の薄手のペーパータオルを交換する．

図7　マイクロプレートストリップに残った液体の除去

第12章　抗原抗体反応

c. 新しいディスポーザブルスポイトを用いて各ウェルに洗浄液を満たす．隣のウェルと混じらないように注意する．以降，洗浄液には1本のスポイトを使用する（図8）．

d. マイクロプレートストリップを流し場へもっていき，勢いよく洗浄液をすべて捨てる．再度マイクロプレートストリップをペーパータオル上で上下逆に伏せて，逆さのまま数回指先で叩き，中の液体を取り除く．

e. 上部の薄手のペーパータオルを交換する．

f. 洗浄手順（c～e）をもう1回くり返す．

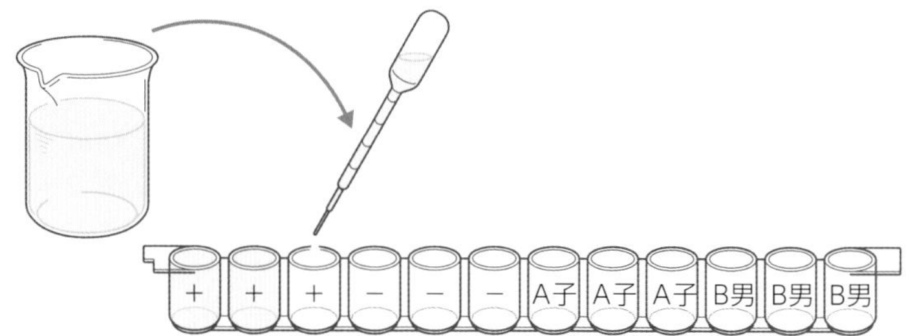

図8 **ウェルへの洗浄液の分注，ウェルいっぱいまで洗浄液を満たす**

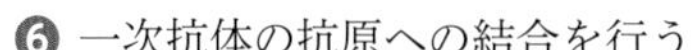

⬇

❻ 一次抗体の抗原への結合を行う．

a. 新しいピペット用チップを用いて，橙色チューブから一次抗体（①）50 μLをマイクロプレートストリップのウェル12個全部に加える．

b. 5分間放置して一次抗体を抗原に結合させる．

⬇

❼ ステップ❺の洗浄手順（a～e）を2回くり返して，未結合の一次抗体をウェルから洗い流す．

⬇

❽ HRP標識二次抗体の一次抗体への結合を行う．

a. 新しいピペット用チップを用いて，緑色チューブから二次抗体（②）50 μLをマイクロプレートストリップのウェル12個全部に加える．

b. 5分間放置して二次抗体を一次抗体に結合させる．

⬇

❾ ステップ❺の洗浄手順（a～e）を3回くり返して，未結合の二次抗体をウェルから洗い流す（自分の実験のどのウェルが青色に変わるはずか，どのウェルは無色のままであるべきか，また結果がわからないウェルはどれか予測してみよう）．

⬇

❿ 発色反応による抗原の検出を行う．

a. 新しいピペット用チップを用いて茶色のチューブから酵素基質（TMB）50 μLをマイクロプレートストリップのウェル12個全部に加える．

b. 5分間放置する．結果を観察して記録する．
［青色→抗原あり（陽性），無色→抗原なし（陰性）］

実験データと整理

「操作」❷でウェルに記入したのと同じ表示を記入する．その後ウェルごとに，青色になったら「P」を，色の変化がなければ「N」を記入する（図9）．P→positive（陽性），N→negative（陰性）

図9 **抗原陽性（P），陰性（N）の判定**

1）抗原が含まれているサンプル，含まれていないサンプルの両方には，抗原タンパク質以外の，たくさんのタンパク質も含まれている．サンプルをウェルにアプライし，5分間放置した後，ウェル内のプラスチック面に吸着されたのは抗原だけか？ それとも抗原以外のタンパク質も吸着したと思うか？ それは，なぜか？

2）ウェルにサンプルを入れた後，一次抗体を入れた後，さらに二次抗体を入れた後にすべてのウェルをバッファーで洗浄したが，これにはどんな意味があるのか？

3）ウェルに一次抗体を入れた後，ウェルを洗浄しても，抗原が含まれるサンプルのウェル内には一次抗体は残る．これはどうしてか？ また抗原が含まれないサンプルのウェルではどうか？

4）ウェルに二次抗体を入れた後，ウェルを洗浄しても，抗原が含まれるサンプルのウェル内には二次抗体は残る．これはどうしてか？ また抗原が含まれないサンプルのウェルではどうか？

5）サンプルのウェルが発色せず，陰性の結果が得られた場合，サンプル内には抗原が全くなかったのか？

6）コントロール，サンプルともに同じサンプルについて3ウェルずつ使用したのはどうしてか？

7）抗原抗体反応を利用した診断キットや検出キットについて調べよ．

第13章 生体分子の分離・分析

Point

1. カラムクロマトグラフィーについて理解する
2. タンパク質の電荷の違いがイオン交換樹脂との親和性の違いを生むことを利用し，イオン交換カラムグラフィーにより複数のタンパク質を含む試料液から，目的のタンパク質を分離できることを理解する
3. SDS-ポリアクリルアミド電気泳動は，タンパク質の分子の大きさ（分子量）で分離できることを理解する

1 混合物からの物質の分離

●「生化学」p.56～57参照

食べものや生物などの構造や諸性質を詳しく調べるためには，目的とする分子を純粋に得ることが必要である．また，血液などの生体試料や食品サンプルはたくさんの種類の分子の混合物である．臨床検査や食品分析などでは，その混合物中に含まれるある特定の分子を検出するために分離操作が行われる．このような分子の分離は，それぞれの分子がもっている固有の物理化学的性質の違いで分子のとる挙動が異なることを利用して行われる．

2 カラムクロマトグラフィー

クロマトグラフィー（chromatography：色の記録）とは，移動しない相（固定相）と移動する相（移動相）の2種類の異なる相の境界面における各分子の挙動の違いを利用して混合物を分離する操作法である．例えば，**ペーパークロマトグラフィー**では，ろ紙（固定相）と展開液（移動相）間における分子の移動の速さの違いを利用している．固定相に吸着されやすい（親和性が高い）分子はゆっくりと，固定相に吸着されにくい（親和性が低い）分子は早く展開される．固定相を円筒状にしたクロマトグラフィーを**カラムクロマトグラフィー**（column：円柱という意味）という．カラムクロマトグラフィーは，混合物から特定の分子を分離する際によく用いられる（図1）．

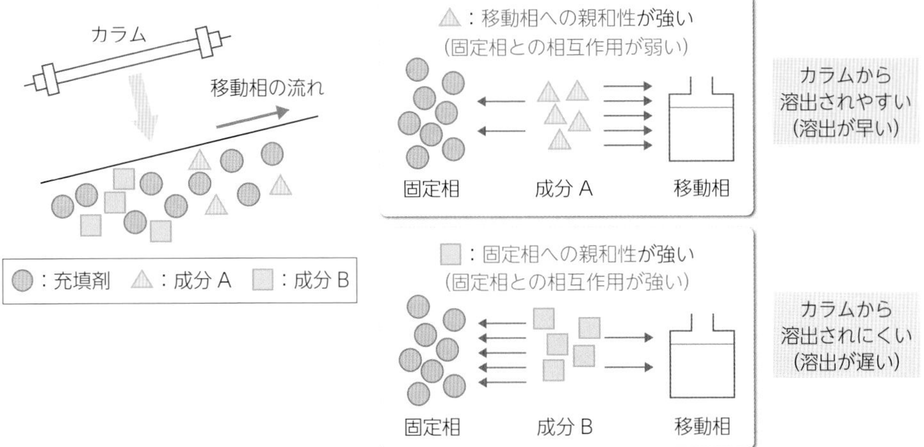

図1　カラムクロマトグラフィーの原理

成分Aは移動相の流れに乗って早く溶出するのに対し，成分Bは固定相に残るため，カラムから溶出するのが遅れる．日立ハイテクサイエンス：第1回 HPLCの原理とシステム構成（1）（https://www.hitachi-hightech.com/hhs/products/tech/ana/lc/basic/lc_course1.html）を参考に作成．

タンパク質を構成するアミノ酸のなかには，側鎖にアミン（$-NH_2$）やカルボン酸（$-COOH$）をもつものがあり，アミノ酸と同様に溶液中のpHによって正または負の電荷をもつ．等電点付近のpHでは，タンパク質の電荷は0である．正または負に帯電している固定相を円筒に入れ，円筒の上部から多種類のタンパク質の混合物をゆっくり入れ，固定相に染み込ませると，固定相のもつ電荷と反対の電荷をもつタンパク質はカラム中の固定相に吸着される．一方，固定相のもつ電荷と同じ電荷をもつタンパク質は，カラム中の固定相に吸着されず，円筒の下部から溶出される．カラムの固定相に吸着されたタンパク質は，塩を加えた移動相をカラムの中に入れると，タンパク質と固定相の親和性は小さくなり，カラムから溶出される．このように，電荷をもつ（固体の）固定相を使用したものは，**イオン交換カラムクロマトグラフィー**とよばれる（図2）．この他，タンパク質の分離では，分子ふるい効果を利用した**ゲルろ過クロマトグラフィー**，疎水的相互作用を利用した**疎水クロマトグラフィー**，抗体やタンパク質と親和性の高い低分子を固定相に共有結合させた**アフィニティ**（affinity）**クロマトグラフィー**などがある．本実験では，弱陰イオン（負の電荷をもつ固定相）の官能基，カルボキシメチル基（CM）をもつ**CM-セファロースカラム**を用いたタンパク質の分離を行う．なお，CM-セファロースカラムは，正の電荷をもつタンパク質を吸着するので，陽イオン交換カラムともいう．

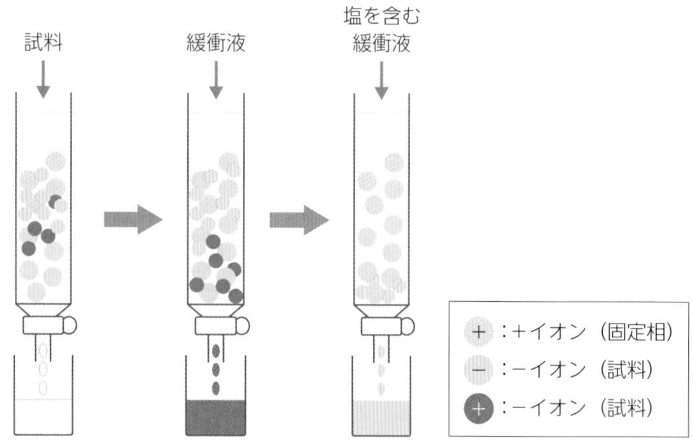

図2　イオン交換カラムクロマトグラフィーの原理

3　SDS-ポリアクリルアミドゲル電気泳動（SDS-PAGE）

タンパク質分子を分離した後，分離したタンパク質が目的のタンパク質か，また他のタンパク質がどの程度混在しているのかを確認する必要がある．タンパク質を分子の大きさで分ける方法の1つに，**SDS-ポリアクリルアミドゲル電気泳動（SDS-PAGE）**がある．タンパク質は，通常ポリペプチド鎖が規則正しく折りたたまれている．また，前述のようにタンパク質を構成するアミノ酸の違いによって，溶液中における帯電の状態も異なる．タンパク質溶液を，還元剤を含む中性の強イオン界面活性剤である**ラウリル硫酸ナトリウム（SDS）**溶液で処理すると，SDSの疎水性の部分がポリペプチド鎖と相互作用しながら，ポリペプチド鎖の折りたたみをほどき，負に帯電したひも状のミセル[※1]となる（この場合SDSの疎水側がポリペプチド鎖と相互作用し，負に帯電した親水基側が外側を向く，図3）．このSDSで処理されたタンパク質サンプルをポリアクリルアミドゲルの網目中に入れ，直流電場をかけると，タンパク質分子は網目中を陰極から陽極の方向に移動する（図4）．このとき，小さなタンパク質分子はポリアクリルアミド中の網目を容易に通り抜けられるが，大きなタンパク質分子は網目を通り抜けるのに時間を要する（ジャングルジムの中を子どもはすばやく移動できるが，大人はすばやく移動できないのと同じ）．SDS-PAGEでは，小さなタンパク質分子ほど移動距離が大きくなる．このSDS-PAGEと抗原抗体反応を組合わせたウエスタンブロッティングを用いて，アレルゲンを含む食品の検査や牛肉のBSE検査などが行われる．

本章では，タンパク質の分離や分析をする方法としてよく用いられているイオン交換カラムクロマトグラフィー（実験13-1）とSDS-ポリアクリルアミド電気泳動（実験13-2）について学ぶ．

※1　**ミセル**
両親媒性の分子が水中でつくる集合体．

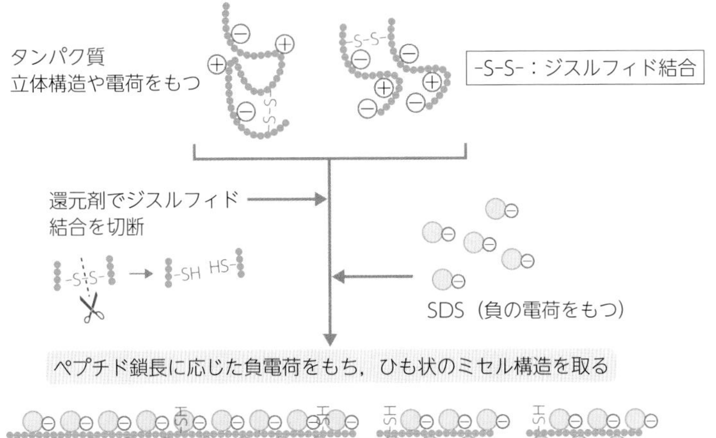

図3　タンパク質試料のSDS溶液処理によるミセル化

MBL：ポリアクリルアミド電気泳動（SDS-PAGE）の原理と方法（https://ruo.mbl.co.jp/bio/support/method/sds-page.html）を参考に作成.

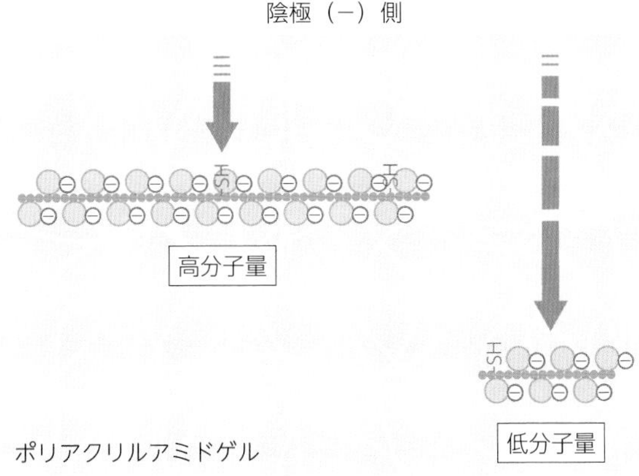

図4　SDSポリアクリルアミド電気泳動の原理

MBL：ポリアクリルアミド電気泳動（SDS-PAGE）の原理と方法（https://ruo.mbl.co.jp/bio/support/method/sds-page.html）より引用.

CM-セファロースカラムを用いたタンパク質の分離

概要図

目的

緩衝液中におけるタンパク質の荷電状態の違いを利用して，陽イオン交換カラムを用いたタンパク質の分離を行う

方法

CM- セファロースカラムを用いてタンパク質を分離する（実験 13-1）．分画されたタンパク質を SDS-PAGE で確認するための試料を調製する（実験 13-2）

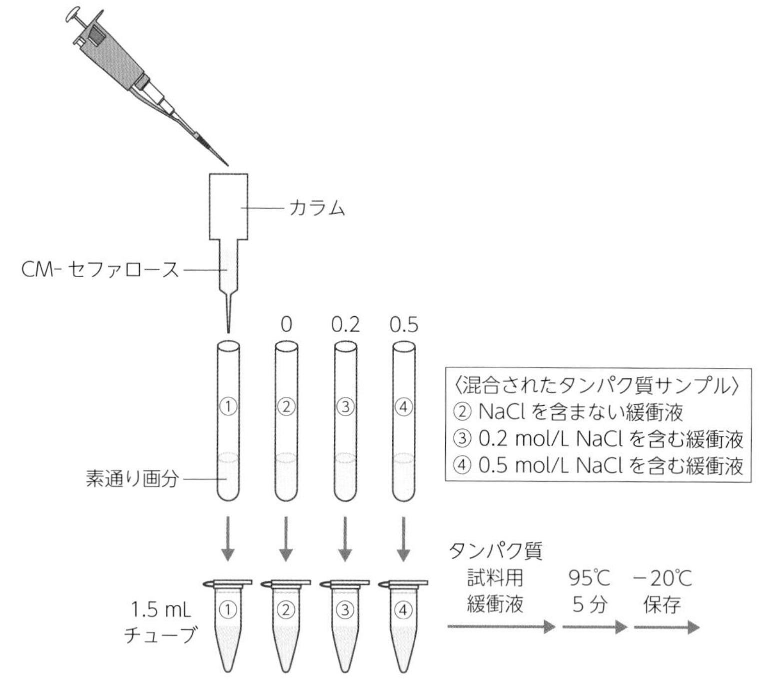

実験のフローチャート

CM-セファロース（陽イオン交換カラム）を用いたタンパク質の分離 → SDS-PAGE 展開用試料の調製

目的

3種類のタンパク質の混合溶液をCM-セファロースカラムを用いて分離する．奇数班はpH6.4，偶数班はpH8.4の緩衝液を用いる．

試薬

表1　試薬の一覧

試薬名	1グループ(4人)あたりの量	1グループあたりの事前準備	自由筆記欄
タンパク質混合液*1	100 μL + 10 μL	試薬110 μLを1.5 mLチューブに入れる．氷浴中で冷却する	
CM-セファロースイオン交換樹脂カラム*2	1本 (イオン交換樹脂600 μL)	CM-セファロース樹脂をカラムに充填し，0.1 mol/LのNaOH 3 mLでカラムを洗浄後，NaClを含まない(0 mol/L) 緩衝液でカラムを平衡化しておく	
0.5 mol/L MES-NaOH溶液(pH6.4緩衝ストック液)*3	pH6.4緩衝液調製用		
0.5 mol/L HEPES-NaOH溶液(pH8.4緩衝ストック液)*4	pH8.4緩衝液調製用		
0 mol/L緩衝液*5	10 mL + 5 mL (予備)	試薬15 mLを50 mLチューブに入れる．氷浴中で冷却する	
0.2 mol/L NaCl緩衝液*6	3 mL + 2 mL (予備)	試薬5 mLを50 mLチューブに入れる．氷浴中で冷却する	
0.5 mol/L NaCl緩衝液*7	3 mL + 2 mL (予備)	試薬5 mLを50 mLチューブに入れる．氷浴中で冷却する	
タンパク質試料用緩衝液 (X2)*8	100 μL + 50 μL (予備)	試薬150 μLを1.5 mLチューブに入れる．氷浴中で冷却する	

＊1　タンパク質混合液：牛血清アルブミン（分子量67,000，pI 5.6），ウマ骨格筋ミオグロビン（分子量19,000，pI 7.4），卵白リゾチーム（分子量14,000，pI 9.7），それぞれのタンパク質を9 mgずつ量りとり，1本の試験管にまとめた後，3 mLの純水に溶解する．1グループ分量に小分けし，使用当日まで−20℃で保存する．

＊2　CM Sepharose Fast Flow（17071910：Cytiva社）をポリプレップクロマトグラフィー用カラム（7311550：Bio-Rad社）に充填する．0.1 mol/L NaOH溶液で洗浄後，0 mol/L緩衝液で平衡化することにより，再利用が可能．実験終了後は，ただちに洗浄・平衡化を行い，冷蔵庫で保管すること．

＊3　2-モルホリノエタンスルホン酸（MES，分子量195.2）9.76 gを50 mLの純水に溶解しながら，2 mol/L NaOH溶液でpHを6.4に調整する．最後に，100 mLにメスアップする．

＊4　4-(2-ヒドロキシメチル)-1-ピペラジンエタンスルホン酸（HEPES，分子量238.3）11.92 gを50 mLの純水に溶解しながら，2 mol/L NaOH溶液でpHを8.4に調整する．最後に，100 mLにメスアップする．

＊5　pH6.4または8.4の緩衝ストック液2.0 mLを純水で希釈し，100 mLにメスアップする．

＊6　pH6.4または8.4の緩衝ストック液2.0 mLに90 mLの純水を加え，1.17 gのNaClを溶解する．溶解後，純水で100 mLにメスアップする．

＊7　pH6.4または8.4の緩衝ストック液2.0 mLに90 mLの純水を加え，2.92 gのNaClを溶解する．溶解後，純水で100 mLにメスアップする．

＊8　市販品（199-16132：富士フイルム和光純薬社など）を用いる．他書を参考に自作しても良い．自作する場合は，毒劇物2-メルカプトエタノールの代わりに毒劇物ではない3-メルカプト-1,2-プロパンジオールを還元剤として使用するのが良い．

器具

- ☐ 試験管（カラム溶出液回収用）　5本
- ☐ 試験管立て　1個

- [ ] 1.5 mLミクロチューブ（SDS-ポリアクリルアミド電気泳動サンプル調製用） 5本
- [ ] 1.5 mLチューブ用スタンド 1個
- [ ] マイクロピペット（1,000 μL，100 μL）およびピペットチップ
- [ ] ビュレット台およびビュレット挟み（カラム固定用）
- [ ] 100 mLビーカー（カラム平衡化液回収用）
- [ ] 氷浴（アイスバス）
- [ ] 1.5 mLチューブ用ドライインキュベーター（95℃に加温しておく）
- [ ] 1.5 mLチューブ用遠心機
- [ ] 油性マーカー

操作

奇数班にはpH6.4の緩衝液，偶数班にはpH8.4の緩衝液を配付する．奇数（偶数）班は，偶数（奇数）班のカラムの様子や溶出液の色も観察すること．

❶ 5本の試験管および5本の1.5 mLミクロチューブに，班名（十の位）と0～4（一の位）の番号を記す（例えば2班ならば，20，21，22，23，24）．

⬇

カラムの操作

❷ カラムをビュレット挟みで固定する．カラムの下に廃液受けの100 mLビーカーを置く（図5a）．

⬇

❸ カラム上部にあるキャップをはずす（キャップを紛失しないよう注意！，図5b）．

⬇

❹ カラム下部のキャップをはずし，カラムベッド上部の溶液をビーカーに溶出させる（図5c）．

⬇

❺ カラムに1 mLの0 mol/L緩衝液を加え，ビーカーに溶出させる❶．これを3回くり返す（カラムの平衡化，図5d）．

⬇

❻ ❺の操作の間に，0.1 mLのタンパク質混合溶液を「試験管○0」（○は班の番号）に入れる．さらに，3 mLの0 mol/L緩衝液を加えて希釈する．軽く撹拌後，20 μLを○0番の1.5 mLチューブに移す．残りは，使用するまで氷浴中に置く❷．

⬇

❼ ❺の操作終了後，カラムの下に「試験管○1」を置く．❻の残りの希釈液を1mLずつ，3回に分けてカラムに加える❶,❸．カラムから溶出した液を「試験管○1」に回収する（素通り画分という）．回収後，試験管を氷浴中に入れる❷．

❶注意　カラムベッド上部に緩衝液，試料液を加えるときには，1 mLずつ加えること．溶出が終わったら次の1 mLを加える．樹脂の界面を乱さないように，溶液をカラムの内壁に伝わらせるようにしながら，ゆっくりと加えること．

❷注意　タンパク質サンプルは分解しやすいので，カラム操作時以外は氷中に保存すること．

❸注意　ミオグロビンは茶褐色を呈しているので，カラム分離時に挙動を観察できる．

⬇

❽ ❼の操作終了後，カラムの下に「試験管○2」を置く．カラムに0 mol/L緩衝液を1 mLずつ，3回に分けてカラムに加える❶,❸．カラムから溶出した液を「試験管○2」に回収する（洗浄画分という）．回収後，試験管を氷浴中に入れる❷．

⬇

❾ ❽の操作終了後，カラムの下に「試験管○3」を置く．カラムに0.2 mol/L NaCl緩衝液を1 mLずつ，3回に分けてカラムに加える❶,❸．カラムから溶出した液を「試験管○3」に回収する（0.2 mol/L NaCl溶出画分という）．回収後，試験管を氷浴中に入れる❷．

⬇

❿ ❾の操作終了後，カラムの下に「試験管○4」を置く．カラムに0.5 mol/L NaCl緩衝液を1 mLずつ，3回に分けてカラムに加える❶,❸．カラムから溶出した液を「試験管○4」に回収する（0.5 mol/L NaCl溶出画分という）．回収後，試験管を氷浴中に入れる❷．

⬇

⓫ カラムの下部のキャップをはめ，0.5 mLの0.5 mol/L NaCl緩衝液をカラムに加える．上部のキャップをはめる．

⬇

⓬ 試験管○1～○4に回収された溶出液の色を奇数班，偶数班の両方で確認する．

⬇

⓭ ❼～❿で回収したサンプルの20 μLを同じ番号「○1～○4」を記した1.5 mLチューブに移す．

⬇

⓮ ❻および⓭の1.5 mLチューブ5本それぞれに，20 μLのタンパク質試料用緩衝液（X2）を加え，タッピングで混合する．

⬇

⓯ ヒートブロック中で，サンプルを95℃で5分間加熱する．その後，遠心によりスピンダウンし，－20℃で保存する．

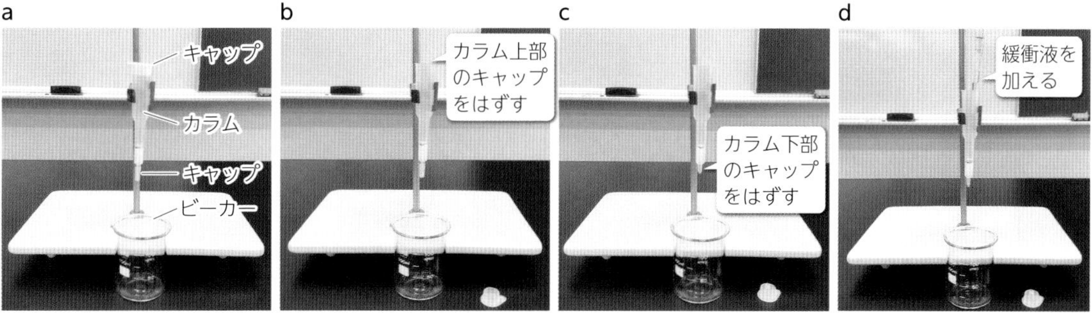

図5 **カラムの操作**

第13章 生体分子の分離・分析

SDS-ポリアクリルアミドゲル電気泳動によるタンパク質の展開

概要図

目的　〈実験 13-1〉に同じ

方法　〈実験 13-1〉で分画されたタンパク質を SDS-PAGE で確認する

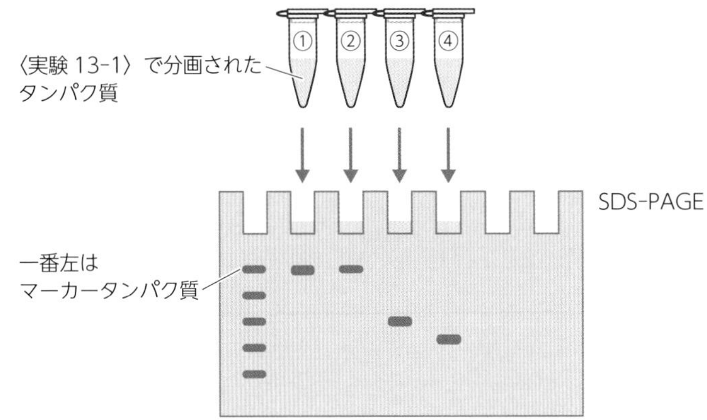

CM- セファロースに吸着したタンパク質は緩衝液中のイオン強度をあげると，カラムから溶出される

実験のフローチャート

SDS-PAGE → 染色・脱染 → 観察

目的

〈実験13-1〉で使用した3種類のタンパク質の混合溶液，およびCM-セファロースカラムを用いて分離したタンパク質サンプル液をSDS-ポリアクリルアミド電気泳動で展開し，〈実験13-1〉のカラムクロマトグラフィー操作によるタンパク質の分離の様子を確認する．

試薬

表2　試薬の一覧

試薬名	1グループ(4人)あたりの量	1グループあたりの事前準備	自由筆記欄
SDS-ポリアクリルアミドゲル電気泳動緩衝液*1	700～1,000 mL/台（泳動槽により異なる）	泳動槽下部に緩衝液を入れ，ゲルをセットした後，泳動槽上部にも緩衝液を入れておく	
SDS-ポリアクリルアミド（10～20％）ミニスラブゲル，12～13ウェル*2	2グループで1枚		
タンパク質サンプル	〈実験13-1〉で調製した5本	実験直前に室温に戻し，サンプルを融解する	
有色分子量マーカータンパク質*3	ゲル1枚あたり，5 μL	1.5 mLチューブに，マーカー5 μL，タンパク質試料用緩衝液（X2）7 μL，純水7 μLを入れて混合する	
CBBゲル染色液*4	30 mL	試薬30 mLを染色バットに入れる	

＊1　Tris（3.03 g），グリシン（14.4 g），SDS（1.0 g），純水に溶解し，1 Lにする．
＊2　スーパーセップTMエース，10～20％，13ウェル（191-15031：富士フイルム和光純薬社）または同等品を使用．自作の場合，100 mm × 100（または80）mmの1 mm厚スラブゲルを使用する．
＊3　ワイドビューTMプレステインたん白質サイズマーカーⅢ（236-02463：富士フイルム和光純薬社）または同等品を使用．
＊4　EzStain AQua染色液（2332370：アトー社）が有機溶媒および酢酸を含んでおらず，かつ取り扱いが容易．他社の染色液を使用する場合は，染色液の説明書に従って操作する．

器具

- □ マイクロピペット（100 μL）およびマイクロチップ
- □ へら（ミクロスパーテルの根元を使ってもよい）
- □ ゲル染色用バット（10 × 15 cmくらいのタッパー型容器）
- □ ラップ
- □ 電気泳動槽（高速泳動型）
- □ 安定化電源（出力500 Vおよび500 mA以上のもの）
- □ シェーカー（ゲル染色，脱染用）
- □ LED（または蛍光灯）透過板（ゲル観察用）

操作

❶ マイクロピペットを用いてタンパク質サンプルを20 μLずつゲルのウェルに静かに注入する（図6）．一番左のウェルには，着色したタンパク質分子量マーカータンパク質を注入する（電気泳動を行う際には，教員またはティーチングアシスタントの指示に従うこと）．

⬇

❷ 400 V（定電圧），30分の条件で電気泳動を行い，タンパク質サンプルを展開する（図7）．展開中，有色分子量マーカーの展開を観察することができる．

⬇

❸ 電源を切り，ゲルを泳動槽から取り出す．へらを使ってゲルをガラス板から外し，染色液に浸す．500 W電子レンジで30秒加温後，シェーカーを使って10分間振盪（しんとう）する．

⬇

❹ 染色液を除去し（廃液に回収），純水で2～3回すすいでから，LED透過板の上にラップを敷き，その上にゲルを置いて観察する．各自のスマートフォンなどでゲルの写真を撮影してもよい．純水で10～15分浸透すると，さらにバックグラウンドが薄くなり，観察しやすくなる．

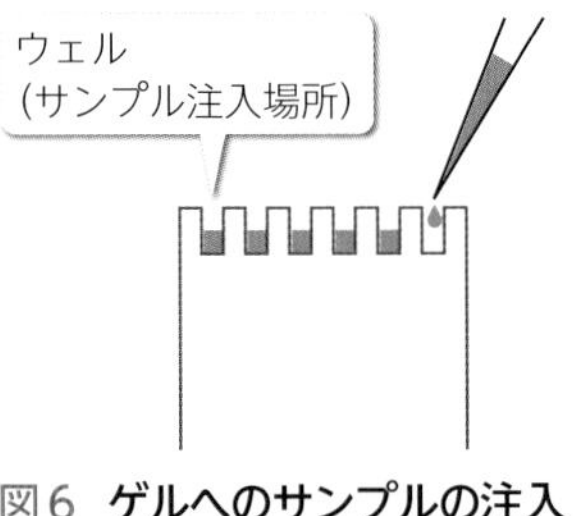

図6　ゲルへのサンプルの注入

図7　SDS-ポリアクリルアミドゲル電気泳動装置

〈実験 13-1〉と〈実験 13-2〉をあわせて1つのレポートとしてまとめる.

1）ミオグロビンタンパク質（茶褐色）のカラムの吸着と溶出の様子をpH6.4とpH8.4の緩衝液で比較しなさい（奇数班は，カラム操作時に偶数班の様子も確認する．同様に偶数班は，奇数班の様子も確認する）．また，このような結果が得られた理由をタンパク質の等電点も考慮して説明しなさい.

2）実習で使用したタンパク質混合液サンプルについて，陰イオン交換基のジエチルアミノエチル（DEAE）基をもつ，DEAE-セファロースカラムを用いて同様に分離した場合，それぞれのタンパク質がどの画分に溶出されるか，pH6.4の緩衝液，pH8.4の緩衝液を使用する場合の2通りについて示しなさい．また，その理由についても答えなさい.

3）ウエスタンブロッティングについて調べ，簡単にまとめなさい.

第14章 ビタミンCの定量と抗酸化活性

Point

1. ビタミンCの還元作用を理解する
2. ビタミンC標準液を用いてビタミンC濃度−吸光度の検量線を作成し，試料溶液との反応液の吸光度を検量線に当てはめることで，試料溶液のビタミンC濃度を測定できることを理解する
3. 食品成分のもつ抗酸化作用を理解する
4. 食品成分の抗酸化活性の評価方法について理解する

1 ビタミンCの性質

●「生化学」p.89参照

生体内における**ビタミンC**の役割は，水酸化酵素などの**補酵素**や水溶性の**還元剤**（**抗酸化剤**）である．ビタミンCは，還元型の**L-アスコルビン酸**と酸化型の**デヒドロ-L-アスコルビン酸**の2つの化学形態が存在する（図1）．酸化型のデヒドロ-L-アスコルビン酸は還元作用をもたない．還元型には紫外線（UV）吸収があるが，酸化型にはない．

2 ビタミンCの定量

食品中のビタミンCの定量には，シリカカラムまたは疎水性官能基をもつカラムを用いた分離と紫外線吸収検出を組合わせた**高速液体クロマトグラフ法**，フェニルヒドラジン誘導体化物の比色定量を行う**2,4-ジニトロ**

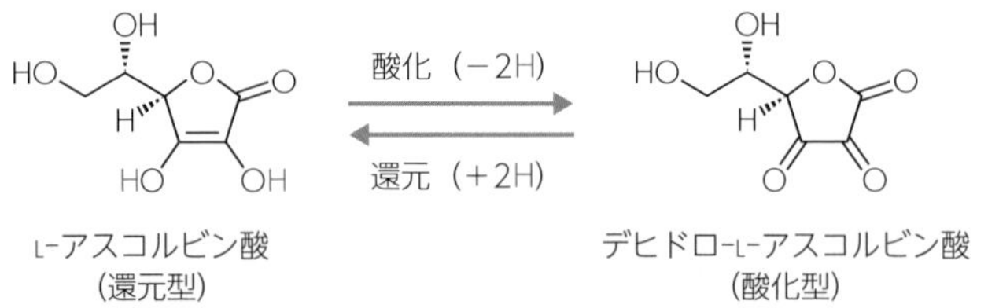

OH HO H HO OH O O
酸化（−2H）
還元（+2H）
OH HO H O O O O
L-アスコルビン酸（還元型）
デヒドロ-L-アスコルビン酸（酸化型）

図1 ビタミンCの構造式と酸化還元状態

フェニルヒドラジン法，インドフェノールの還元後と有機溶媒抽出を組合わせた**インドフェノール・キシレン法**，ヨウ素またはインドフェノールの還元作用を利用した**酸化還元滴定法**などが用いられている．

また，血清などの生体試料中のビタミンCの定量には，酸化酵素（アスコルビン酸オキシダーゼ）と発色基質を組合わせた**酵素比色法**（比色定量）が用いられている．

3 抗酸化機構

生活習慣病をはじめとする種々の疾病の発症が生体内での**活性酸素（フリーラジカル）**の過剰発生と関連し，これら疾病の発症予防に食品由来の抗酸化物質の摂取が有効であると考えられている．

天然に存在する抗酸化物質として最もよく知られているものが**アスコルビン酸**（ビタミンC）である．L-アスコルビン酸は，活性酸素に電子を1つ渡すと自らはラジカル[※1]となるが，このラジカルは図2に示すように共鳴により安定化される．このようなラジカルの安定化が，ほかの分子を次々とラジカルにしていくような連鎖反応を防ぐとともに，自らは不均化してデヒドロ-L-アスコルビン酸となる．このような抗酸化作用からビタミンCは，活性酸素を消去して，からだの酸化を防ぐ働きをもつ．

ラジカル消去能を測定する方法には，DPPH（1,1-diphenyl-2-picrylhydrazyl）やABTS〔2,2′-azinobis（3-ethylbenzthiazoline-6-suifonic acid)〕などのラジカル発生剤によって安定なラジカルを発生させる**電子スピン共鳴（ESR）測定**がある．ほかにも比色法などによって抗酸化成分のラジカル消去能を評価する．

〈実験14-1〉では，ビタミンCの還元作用を利用して，飲料や果汁の還元型ビタミンC量を定量する．〈実験14-2〉では，比色法によるDPPHラジカル消去能の測定を行う．

※1 **ラジカル**
遊離基ともいう．通常，2個でペアを組んで安定している電子が1つの電子（不対電子）になっている原子，分子やイオンのこと．化学的に不安定できわめて反応性が高い．

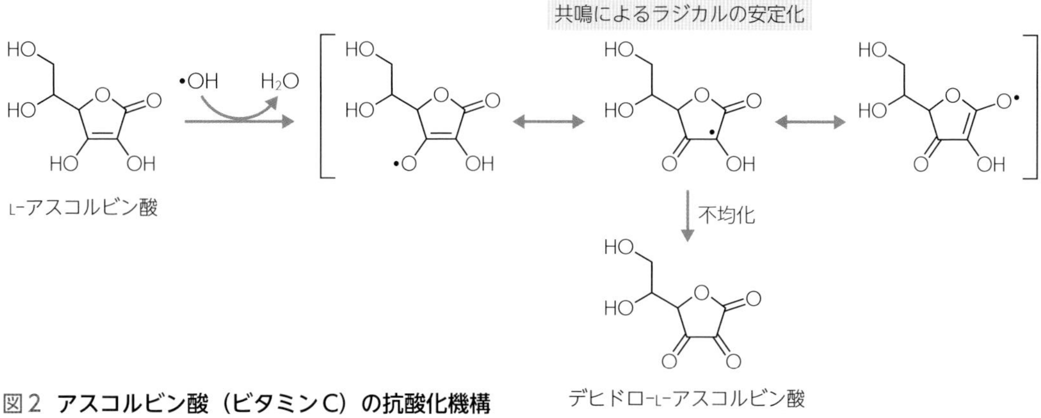

図2 アスコルビン酸（ビタミンC）の抗酸化機構

モリブデンブルー発色法による食品のビタミンC定量

概要図

目的

ビタミンCの還元作用を利用して，飲料や果実中のビタミンC量を測定する

方法

リンモリブデン錯体がビタミンCにより還元されると青色の錯体に変化することを利用して，試料中のビタミンC量を比色定量する

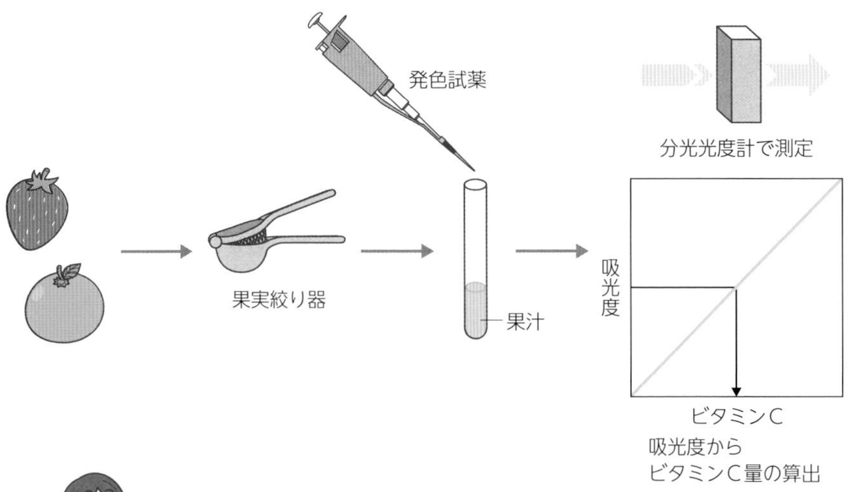

青色錯体の産生量は試料中のビタミンC量と直線関係にあることを利用して比色定量ができる

実験のフローチャート

試料の調製，希釈 → リンモリブデン酸錯体の還元（青色発色反応） → 吸光度（A_{880}）測定 → 飲料や果実中のビタミンC量の算出

目的・原理

ビタミンCの還元剤としての作用（反応相手を還元，自身は酸化）を利用した，ビタミンCの簡易的な定量法を理解し，食品中のビタミンC量を測定する．

1）モリブデンブルー発色法の原理

モリブデン酸イオンは，酸性条件下ではリン酸二水素イオンと反応して黄色のリンモリブデン酸錯体をつくる．**錯体**とは，あるイオンを中心とし，その周囲にイオンや原子団などがとり囲んで，新たに安定なイオンや分子をつくっているものの総称である．リンモリブデン錯体は，リン酸イオンの周りを12個のモリブデン酸がとり囲んだ構造をしている．

$$3NH_4^+ + 12MoO_4^{2-} + H_2PO_4^- + 22H^+$$
$$\rightarrow \underbrace{(NH_4)PO_4 \cdot 12MoO_3}_{\text{リンモリブデン酸/錯体}} + 12H_2O$$

このモリブデン錯体が還元型ビタミンCにより還元されると，モリブデンの一部が＋6価から＋5価に変わり，**モリブデンブルー**とよばれる青色錯体が形成される．この錯体の880 nmの吸光度を測定することで，ビタミンCの簡易定量が可能となる．

試薬

表1　試薬の一覧

試薬名	1グループ（4人）あたりの量	1グループあたりの事前準備	自由筆記欄
リンモリブデン酸錯塩発色液[*1]	12 mL＋3 mL（予備）	試薬15 mLを50 mL蓋つきチューブに入れる	
100 mg/Lビタミン C標準液[*2]	3 mL＋2 mL（予備）	試薬5 mLを50 mL蓋つきチューブに入れる	
市販のビタミンCを含む飲料（純水で10倍希釈したもの）[*3]	1 mL＋2 mL（予備）	試薬3 mLを50 mL蓋つきチューブに入れる	
果物（いちご，みかんなど）	約100 g		

＊1　リンモリブデン酸錯塩発色液：
4％(w/v) $(NH_4)_6Mo_7O_{24} \cdot 4H_2O$（300 mL）
0.2％（w/v）KH_2PO_4（100 mL）
2.5 mol/L H_2SO_4（500 mL）
前述の溶液を上から順に混合する（室温暗所保管で数カ月安定）．

＊2　100 mg/LビタミンC標準液（用時調製する）：L-アスコルビン酸ナトリウム（100 mg）を純水に溶解し，メスフラスコで1 Lにメスアップする．1班あたり10 mL分注する．

＊3　10倍希釈した市販のビタミンCを含む飲料：ビタミンCを含む飲料（2.00 mL）を純水で20 mLにメスアップする．

器具

- [ ] 試験管　12本（予備用含む）
- [ ] 試験管立て
- [ ] 50 mL用試験管立て（試薬用）
- [ ] マイクロピペット（1,000 μL）およびピペットチップ
- [ ] 吸光度測定用セミミクロセル　10個
- [ ] セルホルダー
- [ ] 試験管ミキサー
- [ ] 果汁絞り器（ハンドジューサー）
- [ ] 純水用容器（50 mL蓋つきチューブなど，純水を入れておく）
- [ ] 100 mLメスシリンダー（果物の種類に応じて1または2個）
- [ ] 油性マーカー
- [ ] 温浴（40℃）
- [ ] 可視分光光度計

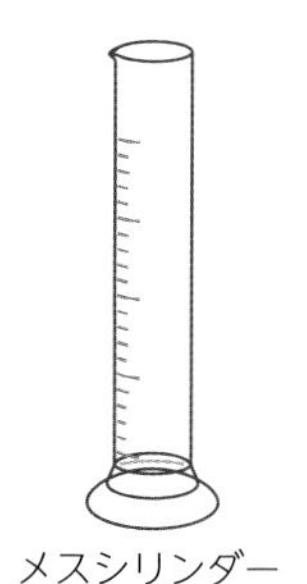

操作

※以下のAとBの操作は並行して行ってもよい．

A. ビタミンC検量線（標準曲線）の作成（図3）

❶ 試験管6本に油性マーカーで試験管番号を書く．
⬇
❷ それぞれの試験管に表2の希釈表（赤字）に従って純水と100 mg/mLビタミンC標準液を加える（1,000 μLのマイクロピペットを使用する）．
⬇
❸ それぞれの試験管に1,000 μL（1 mL）のリンモリブデン酸錯塩発色液を加える．
⬇
❹ 試験管ミキサーで撹拌する．
⬇
❺ 反応液を40℃で20分間インキュベーションする．
⬇

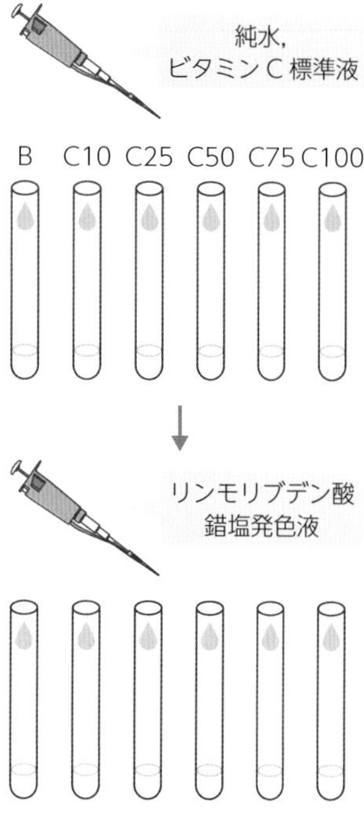

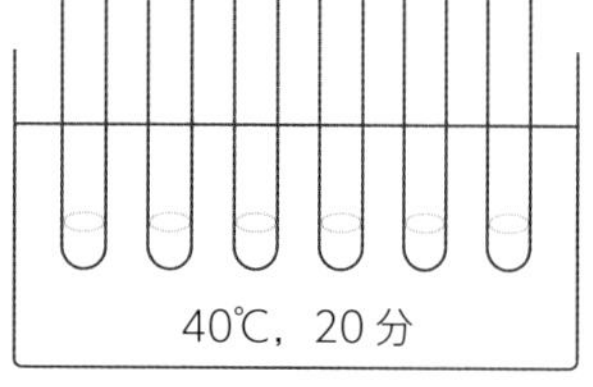

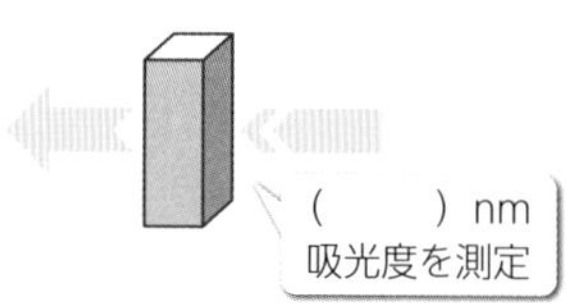

図3　ビタミンC検量線の作成

表2　ビタミンC検量線用

試験管番号	B	C10	C25	C50	C75	C100
ビタミンC濃度（mg/L）	0	10	25	50	75	100
純水（μL）	1,000	900	750	500	250	0
100 mg/Lビタミン C標準液（μL）	0	100	250	500	750	1,000

❻ 試験管の外側の水滴をペーパータオルでふきとり，もう一度試験管ミキサーで撹拌する．

⬇

❼ セルの曇っている面に試験管番号と同じ番号を油性マーカーで書く．セルをもつときは，曇っている面を触ること．

⬇

❽ セルに8分目まで反応液を入れる．

⬇

❾ 波長880 nmの吸光度を測定する．曇っている面が左右を向くようセルを入れること．

⬇

❿ データを直線回帰分析し，傾きと切片を求め，これを検量線とする（実験当日は，グラフ用紙に検量線を作成し，外挿によりビタミンC量を求める）．

B. 飲料中のビタミンC量測定

❶ 試験管に油性マーカーで飲料名を書く．

⬇

❷ それぞれの試験管に10倍希釈した飲料を1 mL入れる．

⬇

❸ それぞれの試験管に1 mLのリンモリブデン酸錯塩発色液を加える．

⬇

❹ 試験管ミキサーで撹拌する．

⬇

❺ 反応液を40℃で20分間インキュベーションする．

⬇

❻ 試験管の外側の水滴をペーパータオルでふきとり，もう一度試験管ミキサーで撹拌する．

⬇

❼ セルの曇っている面に試験管番号と同じ飲料名を油性マーカーで書く．セルをもつときは，曇っている面を触ること．

⬇

❽ セルに8分目まで反応液を入れる．

⬇

❾ 波長880 nmの吸光度を測定する．曇っている面が左右を向くようセルを入れること．

⬇

❿ 前項Aで求めた検量線を用いて各飲料100 mL中のビタミンC量を算出し，食品表示の値と比べる．測定値が検量線の100 mg/Lを超えてしまう場合，飲料をさらに希釈して❷～❿の操作を行うこと．

C. 果物のビタミンC量測定

❶ 果物の可食部分を天秤で秤量する．質量［x（g），0.1 gの位まで］を記録する．

⬇

❷ 果汁絞り器を用いてジュースを調製する．

⬇

❸ メスシリンダーでジュースの体積［y（mL），0.1 mLの位まで］を測定する．

⬇

❹ 果汁500 μL（0.5 mL）を試験管に入れ，4,500 μL（4.5 mL）の純水を加えて希釈する（10倍希釈）．

⬇

❺ 試験管に油性マーカーで果物名を書く．

⬇

❻ それぞれの試験管に10倍希釈した果汁を1,000 μL（1 mL）入れる．

⬇

❼ それぞれの試験管に1,000 μL（1 mL）のリンモリブデン酸錯塩発色液を加える．

⬇

❽ 試験管ミキサーで撹拌する．

⬇

❾ 反応液を40℃で20分間インキュベーションする．

⬇

❿ 試験管の外側の水滴をペーパータオルでふきとり，もう一度試験管ミキサーで撹拌する．

⬇

⓫ セルの曇っている面に試験管番号と同じ果物名を油性マーカーで書く．セルをもつときは，曇っている面を触ること．

⬇

⓬ セルに8分目まで反応液を入れる．

⬇

⓭ 波長880 nmの吸光度を測定する．曇っている面が左右を向くようセルを入れること．

⬇

⓮ 前項Aで求めた検量線を用いて各果物100 mL中のビタミンC量を算出し，食品成分表の値と比べる．

実験データと整理

① ビタミンC検量線の式は，直線回帰分析より切片，傾きを求める〈実験6-1〉の「実験データと整理」，p.59を参照）．

② ビタミンCを含む飲料および果汁は，10倍希釈液を用いていることに注意する．

③ 果物100 gあたりのビタミンC量は，

$$[10倍希釈液のビタミンC濃度(mg/L)] \times 10 \times \frac{100\,(g)}{x\,(g)} \times \frac{y\,(mL)}{1{,}000\,(mL/L)}$$

約分すると

$$[10倍希釈液のビタミンC濃度(mg/L)] \times \frac{y}{x}$$

で算出される．

1）消費者庁「食品表示基準について（平成27年3月30日消食表第139号）」の「別添 栄養成分等の分析方法等」の通知における，食品中のビタミンCの定量法の1つをとり上げ，分析方法についてまとめなさい．

2）モリブデンブルー発色法による食品のビタミンC定量法が「別添 栄養成分等の分析方法等（栄養表示関係）」に記されていない理由について考え，まとめなさい．

第14章 ビタミンCの定量と抗酸化活性

ビタミンCの抗酸化活性 ―DPPHラジカル消去活性の測定―

概要図

目的　飲料や果実に含まれるビタミンCの抗酸化活性を測定する

方法　安定ラジカルであるDPPHが，ビタミンCにより還元されると紫色から無色に変化することを利用して，ビタミンCのラジカル消去活性を算出する

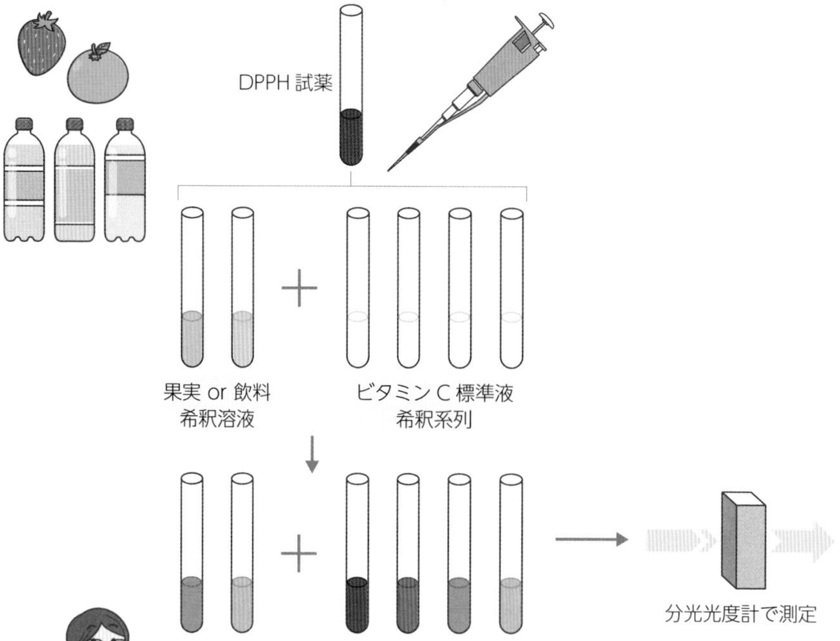

DPPH試薬

果実 or 飲料
希釈溶液

ビタミンC標準液
希釈系列

分光光度計で測定

ラジカル消去活性は，DPPH溶液の退色変化を測定することにより算出することができる

実験のフローチャート

ビタミンC標準液の作成 → DPPHラジカル消去反応 → 吸光度（A_{517}）測定 → 飲料や果実のラジカル消去活性の算出

試料の調製，希釈 → DPPHラジカル消去反応

目的・原理

強力な抗酸化力をもつビタミンCを含む飲料や果実について，DPPHを用いて抗酸化機能を評価する．また，飲料や果実に含まれるビタミンC（アスコルビン酸）含量からラジカル消去活性に対する寄与について比較する．

1）DPPHラジカル消去活性の測定の原理

DPPH（2.2-ジフェニル-1-ピクリルヒドラジル）は安定なラジカル（紫色）であり，ラジカル捕捉物質（抗酸化物質）と反応すると非ラジカル体（無色）に変化する（図4）．この性質を利用して，DPPHとラジカル捕捉物質（抗酸化物質）を混合した溶液の吸光度517 nmにおける吸光度を測定することでラジカル捕捉物質の抗酸化活性の高さを調べることができる．

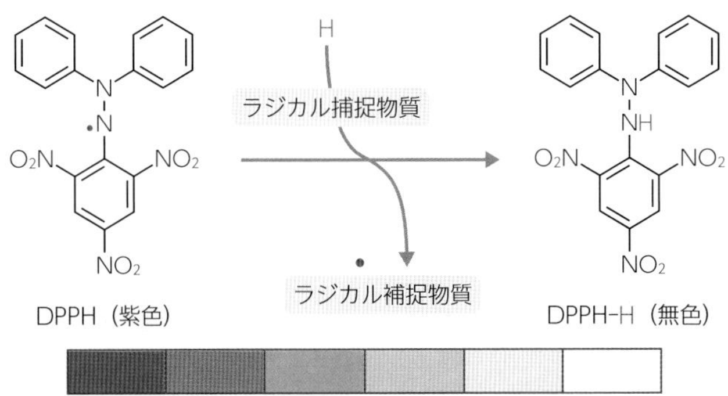

図4　DPPHに対するラジカル消去反応

試薬

表3　試薬の一覧

試薬名	1グループあたりの量	1グループあたりの事前準備	自由筆記欄
200 μmol/L DPPH-エタノール溶液＊1	9 mL＋9 mL（予備）	試薬18 mLを50 mL蓋つきチューブに入れたものを用意する	
200 μg/mL ビタミンC標準液＊2	2.5 mL＋2.5 mL（予備）	試薬5 mLを15 mL蓋つきチューブに入れたものを用意する	
100 %エタノール（特級）	• ビタミンC標準液用 14 mL＋14 mL（予備） • 試料溶液用（1試料分） 11 mL＋11 mL（予備）	試薬48 mLを50 mL蓋つきチューブに入れたものを用意する	
市販のビタミンCを含む飲料	3 mL＋2 mL（予備）	飲料5 mLを15 ml蓋つきチューブに入れたものを用意する	
果物（いちご，みかんなど）	約100 g		

＊1　200 μmol/L DPPH-エタノール溶液（直前調整する）：DPPH（$C_{18}H_{12}N_5O_6$，分子量394.32）78.864 gをエタノール（特級）に溶解し，メスフラスコで100 mLにメスアップする．1グループあたり10 mL分注する．DPPHはエタノールに溶解するとすぐにラジカルを発生させるため，実験を行う直前に調整する．

＊2　200 μg/mL ビタミンC標準液（直前調整する）：L-アスコルビン酸ナトリウム（$C_6H_7NaO_{6 \cdot Na}$，分子量198.11）4 mgを エタノール（特級）に溶解し，20 mLにメスアップする．

器具

- □ 試験管　30本（予備8本を含む）
- □ 試験管立て
- □ マイクロピペット（1,000 μL）およびピペットチップ
- □ 吸光度測定用ガラスセル❶　各班2個
- □ 試験管ミキサー
- □ タイマー（またはスマートフォンのタイマー機能を用いる）
- □ 可視分光光度計
- □ 果汁絞り器
- □ 油性マーカー

❶**注意**　溶媒がエタノールであるため，プラスチックセルだと白く濁り，測定できない．落とすと割れので，注意する．

操作

A. ビタミンC標準液の調整（図5）

❶ 試験管4本を準備し，油性マーカーで試験管番号A・B・C・Dを書く．

⬇

❷ 試験管Aに200 μg/mLビタミン標準液を2.5 mL採取する（C1；原液）

⬇

❸ 試験管B・C・Dにエタノール2.25 mL採取する．

⬇

❹ 試験管BにC1の溶液250 μLを加え，試験管ミキサーで撹拌する（C10；10倍希釈液）．

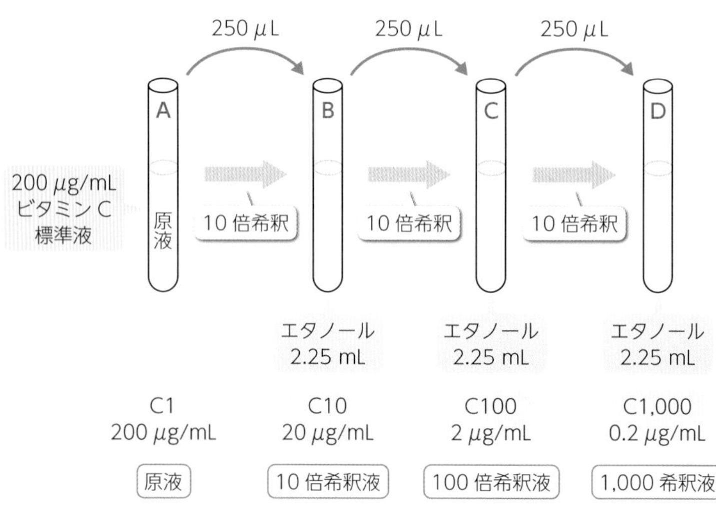

図5　**ビタミンC標準液の希釈系列の作成**

⬇

❺ 試験管CにC10の溶液250 μLを加え，試験管ミキサーで撹拌する（C100；100倍希釈液）.

⬇

❻ 試験管DにC100の溶液250 μLを加え，試験管ミキサーで撹拌する（C1,000；1,000倍希釈液）.

B. ビタミンC標準液の抗酸化活性の測定（図6）

❶ 試験管10本を準備し，油性マーカーで試験管番号を書く.

⬇

❷ 表4に従って，ビタミンC標準液を入れる.

1）空試験

❸ 試験管②にエタノールを2 mL，④⑥⑧⑩の試験管に1 mLのエタノールを加え，試験管ミキサーで撹拌し，室温で放置する.

⬇

❹ 吸光度分光光度計で517 nmの吸光度を測定する．測定をはじめる際，はじめに純水を分光光度計にセットし，Autozeroを押してベースラインを0に合わせること．セルは，受光方向を示す矢印が左を向くように入れること．セルをもつときは，曇っている上側の部分を触ること.

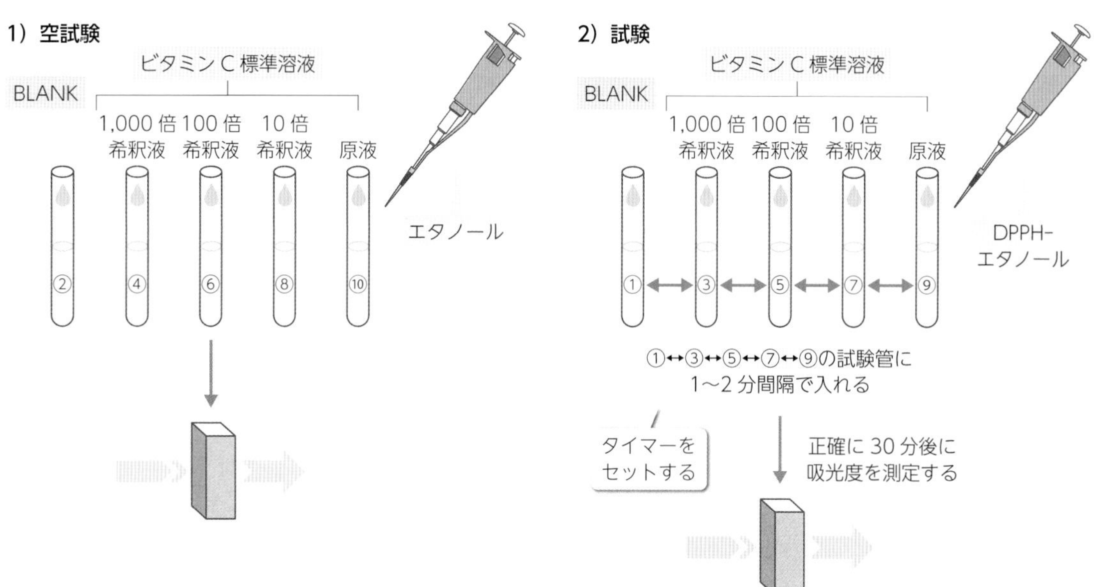

図6 ビタミンC標準液のDPPHラジカル消去測定

試験管①にDPPH-エタノール溶液を入れると同時にタイマー（time up）を押し，1分間隔で試験管③⑤⑦⑨に順に加えていく．30分になる前にセルに試料を入れて準備をし，正確に30分経ったときの吸光度を測定する.

2) 試験

❺ 試験管①に1 mLのエタノールを加える.

⬇

❻ 試験管①③⑤⑦⑨に1分間の間隔をあけてDPPH-エタノール溶液1 mLを加え，試験管ミキサーで撹拌し，室温で放置する❷.

⬇

❼ 正確に30分間経った後，分光光度計で517 nmの吸光度を測定する．セルは，受光方向を示す矢印が左を向くように入れること．セルをもつときは，曇っている上側の部分を触ること

⬇

❽ DPPHラジカル消去活性を以下の計算式から求める❸.

$$\text{DPPHラジカル消去活性（\%）} = \frac{ABS_{BLANK} - ABS_{sample}}{ABS_{BLANK}} \times 100$$

ABS_{BLANK}：BLANK溶液の吸光度 − BLANK溶液の空試験の吸光度
ABS_{sample}：試料溶液の吸光度 − 試料溶液の空試験の吸光度

❷注意　試験管1本を測定する時間を考慮し，1～5分後に次の試験管にDPPH-エタノール溶液を順次加えていくように注意する.

❸注意　この実験では反応を止める試薬を用いないので，DPPH-エタノール溶液を入れて反応をはじめると，どんどん反応が進んでいく．そのため，入れてから正確に一定時間の吸光度を測定することが最も重要となる．そこで，試験管にDPPH-エタノール溶液を入れるタイミングは，時間をずらして入れること，吸光度測定も同じ時間をずらして行う必要がある（表5）.

表4　ビタミンC標準液のDPPHラジカル消去能測定に必要な溶液と量

試料	BLANK		C1,000 1,000倍希釈液		C100 100倍希釈液		C10 10倍希釈液		C1 原液	
試験管番号	① 試験	② 空試験	③ 試験	④ 空試験	⑤ 試験	⑥ 空試験	⑦ 試験	⑧ 空試験	⑨ 試験	⑩ 空試験
ビタミンC濃度（μg/mL）	0		0.2		2		20		200	
ビタミンC標準液（mL）	—	—	1	1	1	1	1	1	1	1
エタノール（mL）	1	2	—	1	—	1	—	1	—	1
DPPH-エタノール溶液（mL）	1	—	1	—	1	—	1	—	1	—

表5　DPPH-エタノール溶液を1分間隔に行った場合のタイムスケジュール

試験管番号	①	③	⑤	⑦	⑨
DPPH-エタノール	開始 0分	1分	2分	3分	4分
正確に30分反応させる ⬇					
吸光度測定	30分	31分	32分	33分	終了 34分

C. 市販のビタミンCを含む飲料および果汁の抗酸化活性の測定

❶ ガラス試験8本を準備し，油性マーカーで試験管番号を書く.

⬇

❷ 試料（〈実験14-1〉で準備した市販のビタミンC飲料および果汁）をビタミンC標準液の希釈系列作成と同じ手順で10・100・1,000倍希釈液を作成する．表6に従って，試料を入れる.

⬇

❸ それぞれの試験管に1 mLのエタノールまたはDPPH-エタノール溶液を加え，試験管ミキサーで撹拌した後，30分室温で放置する❹.

⬇

❹ 分光光度計で517 nmの吸光度を測定する.

⬇

❺ DPPHラジカル消去活性を計算式から求める❺.

❹注意　試験管1本を測定する時間を考慮し，1～5分後に次の試験管にDPPH-エタノール溶液を順次加えていくように注意する.

❺注意　BLANKの値は，ビタミンC標準液測定時の値を使用する.

表6　試料のDPPHラジカル消去能測定に必要な溶液と量

試料	1,000倍希釈液		100倍希釈液		10倍希釈液		原液	
試験管番号	⑪ 試験	⑫ 空試験	⑬ 試験	⑭ 空試験	⑮ 試験	⑯ 空試験	⑰ 試験	⑱ 空試験
ビタミンC濃度（μg/mL）								
飲料または果汁（mL）	1	1	1	1	1	1	1	1
エタノール（mL）	—	1	—	1	—	1	—	1
DPPH-エタノール溶液（mL）	1	—	1	—	1	—	1	—

実験データと整理

① ビタミンC標準液および各試料のDPPHラジカル消去活性（%）求める（表7）.

② 試料（ビタミンを含む飲料および果汁）のビタミンC含量は〈実験14-1〉の値を使用する.

表7　各試料のビタミンC量と各希釈倍率でのDPPHラジカル消去能

試料	ビタミンC濃度（μg/mL）	DPPHラジカル消去能（%）			
		原液	10倍希釈液	100倍希釈液	1,000倍希釈液
ビタミンC標準液					
飲料①					
飲料②					
果汁					

表のDLはこちら

1）食品由来の抗酸化物質を2つ答え，その有効性について説明しなさい.

2）抗酸化評価法について，DPPHラジカル消去活性以外の方法について，1つとり上げまとめなさい.

文　献

1）農業-食品産業技術総合研究機構：モリブデンブルー発色を利用したL-アスコルビン酸の分析法，2010
https://www.naro.affrc.go.jp/org/tarc/seika/jyouhou/H22/kyoutuu/H22kyoutuu007.html（2020年11月18日閲覧）

2）Sayed Elnenaey E & Soliman R：A sensitive colorimetric method for estimation of ascorbic acid. Talanta, 26：1164-1166, 1979

3）消費者庁：食品表示法等（法令及び一元化情報）
https://www.caa.go.jp/policies/policy/food_labeling/food_labeling_act/（2020年11月18日閲覧）

4）「食品学実験書 第2版」（藤田修三，山田和彦/編著），医歯薬出版，2002

5）中村成夫：活性酸素と抗酸化物質の化学．日本医科大学医学会雑誌，9：164-169，2013

索引

欧文

A・C・D

E・G・H・L

M・N・O

P

R・S・U

和文

あ行

か行

さ行

た行

な行

は行

ま行

や行

ら行

memo

memo

memo

memo

memo

著者プロフィール

鈴木敏和（すずき　としかず）**和洋女子大学家政学部健康栄養学科 教授**

東京都大田区出身．博士（薬学）．東京理科大学理学部第1部応用化学科卒業，千葉大学大学院薬学研究科博士前期課程および後期課程修了．国立予防衛生研究所（現 国立感染症研究所）協力研究員，横浜市立大学木原生物学研究所助手，千葉大学大学院医学研究院助教，和洋女子大学家政学群健康栄養学類准教授を経て，2017年より現職．日本臨床栄養協会評議員．英文誌 Journal of Nutrition and Metabolism（Hindawi）編集委員．現在の主要研究テーマは「非必須栄養素やフィトケミカル類の有益作用（beneficial effct）」．講義・実験では，「生化学」，「基礎化学」，「生化学実験」などの科目を担当．座右の銘は，「世界は広い，人生は短い」．

杉浦千佳子（すぎうら　ちかこ）**常葉大学健康プロデュース学部健康栄養学科 講師**

和歌山県出身．博士（農学）．北里大学畜産学科卒業後，青森県畜産試験場研究員として10年間研究実績を積み上げ，退職後，静岡大学大学院自然科学系教育学部バイオサイエンス専攻博士課程修了．現職において「生化学」「生化学実験」「化学」などの講義と実験を担当．

高野　栞（たかの　しおり）**和洋女子大学家政学部健康栄養学科 助手**

千葉県出身．管理栄養士．和洋女子大学家政学群健康栄養学類卒業，和洋女子大学大学院総合生活研究科総合生活専攻博士前期課程修了後，今に至る．実験では，「生化学実験」などの科目を担当．現在は「特定栄養素の摂取による，動物およびヒトにおける心身の健康に関する研究」について興味をもち，主に研究を行っている．

栄養科学イラストレイテッド

生化学実験

2022年10月1日　第1刷発行

著　者　鈴木敏和，杉浦千佳子，高野　栞
発行人　一戸敦子
発行所　株式会社　羊　土　社
〒101-0052
東京都千代田区神田小川町2-5-1
TEL　03（5282）1211
FAX　03（5282）1212
E-mail　eigyo@yodosha.co.jp
URL　www.yodosha.co.jp/
表紙イラスト　エンド譲
印刷所　株式会社 加藤文明社印刷所

ISBN978-4-7581-1368-7